上岗轻松学

双图解焊工快速入门

主　编　彭勇军　王　波

参　编　梁　涛　蒋百威　唐亚红

　　　　吴兴欢　刘文强　朱　献

审　稿　尹子文　周培植

机械工业出版社

本书通过大量的照片图、立体图及线条图，配以简明扼要的文字，深入浅出地阐述了初级焊工所需要掌握的知识和技能，力图使读者在较短的时间内了解和掌握焊工的操作方法和技巧。本书共分四章，主要内容有焊接基础知识、焊条电弧焊操作技能训练、熔化极气体保护焊操作技能训练、手工钨极氩弧焊操作技能训练。

本书在内容上突出实用性和针对性，可作为零起点读者的自学用书，也可作为冷作钣金技术工人的学习读物，还可作为职业鉴定培训机构的培训用书及职业院校相关专业的参考用书。

图书在版编目（CIP）数据

双图解焊工快速入门/彭勇军，王波主编 . —北京：机械工业出版社，2018.12（2024.9 重印）

（上岗轻松学）

ISBN 978-7-111-63188-0

Ⅰ.①双… Ⅱ.①彭… ②王… Ⅲ.①焊接-图解 Ⅳ.①TG4-64

中国版本图书馆 CIP 数据核字（2019）第 140617 号

机械工业出版社（北京市百万庄大街 22 号 邮政编码 100037）

策划编辑：侯宪国 责任编辑：侯宪国
责任校对：陈 越 封面设计：陈 沛
责任印制：邹 敏
北京富资园科技发展有限公司印刷
2024 年 9 月第 1 版第 3 次印刷
169mm×239mm·13.25 印张·256 千字
标准书号：ISBN 978-7-111-63188-0
定价：39.80 元

电话服务 网络服务
客服电话：010-88361066 机 工 官 网：www.cmpbook.com
　　　　　010-88379833 机 工 官 博：weibo.com/cmp1952
　　　　　010-68326294 金 书 网：www.golden-book.com
封底无防伪标均为盗版 机工教育服务网：www.cmpedu.com

前　言

PREFACE

　　我国正处于由制造业大国向制造业强国迈进的关键时期，而要加快制造业的发展，当务之急是培养高素质的技能人才队伍。机械制造是制造业重要的组成部分之一，它担负着向各行各业提供机械装备的任务。我国现代化建设的水平在很大程度上依赖于机械制造业的发展水平。因此，一个制造业企业不但要有高素质的管理人才和科技人才，更要有高素质的一线技术工人。焊工是机械制造业中应用广泛、从业人员较多的技术工种，也是最重要的工种之一。因此，焊工职业技能的培养尤为重要。

　　本书依据最新的《国家职业技能标准　焊工》对初级工的要求，主要介绍了焊工入门人员必须掌握的基础知识和基本技能。本书理论知识简单明了，重点突出操作技能与操作要点。操作技能步骤清晰、方法可靠，所有技能均经过实践验证，并在讲解时穿插了一些实际操作中常见的问题、实用技巧和注意事项。

　　本书的两大特点是"图解"和"快速入门"。"图解"，即通过大量的现场图、三维立体图将抽象的知识具体化、形象化，通过线条图将复杂的结构简单化、清晰化，两者进行对照，可以更好地阐述操作过程及相关内容，达到快速学习的目的，有利于读者理解应用。"快速入门"，即书中讲解的焊工知识属于焊工入门水平，语言通俗易懂，贴近实际，便于读者学习掌握。本书可作为零起点读者的自学用书，也可作为冷作钣金技术工人的学习读物，还可作为职业技能鉴定培训机构的培训用书和职业院校相关专业的参考用书。

　　本书由彭勇军、王波担任主编，梁涛、蒋百威、唐亚红、吴兴欢、刘文强、朱献参与编写。本书由尹子文、周培植审稿，并得到中车株洲电力机车有限公司工会技师协会和车体事业部的大力支持，在此表示衷心的感谢！

　　因编者水平有限，书中难免有不妥之处，恳请广大读者批评指正！

编　者

目 录
CONTENTS

前言

第一章 焊接基础知识 ·· 1

第一节 焊接设备 ·· 1

一、焊条电弧焊电源 ·· 1

二、熔化极气体保护焊焊接电源 ······················· 5

三、非熔化极气体保护焊焊接电源 ··················· 6

四、其他焊接电源及设备 ································· 7

第二节 焊接材料 ·· 12

一、焊条 ·· 12

二、焊丝 ·· 20

三、焊剂 ·· 23

四、焊接用气体 ··· 26

五、钨极 ·· 30

第三节 焊接接头和焊接位置 ······················· 33

一、焊接接头的类型 ······································ 33

二、焊缝坡口的基本形式和尺寸 ··················· 35

三、坡口的加工方法 ······································ 39

四、焊接位置 ··· 40

第四节 焊缝符号和焊接方法代号 ··············· 43

一、焊缝符号 ··· 43

二、焊接方法代号 ·· 49

三、焊缝符号和焊接方法代号在图样上的标注 ··· 50

第二章 焊条电弧焊操作技能训练 ············· 56

第一节 焊条电弧焊概述 ································· 56

一、焊接电弧 ··· 56

二、焊接参数 ……………………………………………………… 63

第二节 引弧和运条方法 …………………………………………… 66

一、电弧的引燃方法 ……………………………………………… 66

二、运条方法 ……………………………………………………… 67

第三节 焊缝的起头、接头及收尾 ………………………………… 70

一、焊缝的起头 …………………………………………………… 70

二、焊缝的接头 …………………………………………………… 71

三、焊缝的收尾 …………………………………………………… 72

第四节 焊件的焊接训练 …………………………………………… 73

一、板厚12mm 低碳钢T形接头平角焊的焊接 ………………… 73

二、板厚12mm 钢板对接平焊单面焊双面成形 ………………… 79

三、φ60mm 低碳钢管水平转动对接焊 ………………………… 87

四、骑座式管-板垂直固定俯位焊的单面焊双面成形 ………… 93

五、板厚12mm 低合金钢板对接立焊单面焊双面成形 ………… 100

六、板厚12mm 低合金钢板对接横焊单面焊双面成形 ………… 109

七、φ76mm 低合金钢管水平固定对接焊单面焊双面成形 …… 116

八、φ108mm 低合金钢管45°固定对接焊单面焊双面成形 …… 126

第三章 熔化极气体保护焊操作技能训练 ……………………… 138

第一节 熔化极气体保护焊概述 …………………………………… 138

一、原理和分类 …………………………………………………… 138

二、熔化极气体保护焊（MIG/MAG 焊）的特点 ……………… 138

三、熔化极气体保护焊（MIG/MAG 焊）熔滴过渡形式 ……… 139

第二节 熔化极气体保护焊焊接基本操作要点及注意事项 ……… 140

第三节 低合金钢焊接试件的训练 ………………………………… 143

一、板厚3mm 低合金钢T形接头平角焊 ……………………… 143

二、板厚3mm 低合金钢板对接平焊单面焊双面成形 ………… 145

三、板厚3mm 低合金钢T形接头向上立焊角焊 ……………… 148

四、板厚3mm 低合金钢板对接横焊单面焊双面成形 ………… 150

五、板厚12mm 低合金钢板对接向上立焊单面焊双面成形 …… 153

六、φ60mm 低合金钢管水平固定对接单面焊双面成形 ……… 156

第四节 铝合金焊接试件的训练 …………………………………… 158

一、板厚3mm 铝合金板T形接头平角焊 ……………………… 158

二、板厚3mm 铝合金板对接横焊 ……………………………… 161

三、板厚 10mm 铝合金板对接横焊 ··· 164

四、板厚 10mm 铝合金板对接仰焊 ··· 169

第四章　手工钨极氩弧焊操作技能训练 ····································· 174

第一节　钨极氩弧焊概述 ··· 174

一、工作原理 ··· 174

二、工艺特点 ··· 174

三、适用范围 ··· 175

四、手工钨极氩弧焊设备 ··· 175

第二节　手工钨极氩弧焊基本操作方式 ·· 178

一、起弧、接头、收弧 ··· 178

二、焊枪的摆动方式和移动 ·· 179

三、填丝方式 ··· 181

第三节　焊件的焊接训练 ··· 183

一、板厚 3mm 低碳钢板 T 形接头平角焊 ······································ 183

二、板厚 6mm 低碳钢板 V 形坡口对接平焊 ··································· 186

三、板厚 6mm 低碳钢板 V 形坡口对接立焊 ··································· 190

四、ϕ60mm 低碳钢管水平转动对接焊 ·· 195

五、ϕ60mm 低碳钢管垂直固定对接焊 ·· 198

六、ϕ60mm 低碳钢管水平固定对接焊 ·· 202

第一章

焊接基础知识

第一节　焊接设备

一、焊条电弧焊电源

1. 常用的弧焊电源

（1）晶闸管控制直流弧焊电源（ZX5 系列）

1）ZX5 系列晶闸管控制直流弧焊电源的特点。

① ZX5 系列晶闸管控制直流弧焊电源主回路采用双反星形结构的晶闸管整流，焊机主要适用于直流焊条电弧焊。

② 集成电路控制，电流调节范围宽，电弧稳定，飞溅小，焊接性能优良，不易发生引弧不良和焊条黏附现象。

③ 具有电流遥控功能。

④ 适用于各种焊条的焊接。

2）ZX5 系列晶闸管控制直流弧焊电源，如图 1-1 所示。

图 1-1　ZX5 系列晶闸管控制直流弧焊电源

（2）交直流两用弧焊电源（ZXE1 系列）

1）ZXE1 系列交直流两用弧焊电源的特点。

① ZXE1 系列交直流两用弧焊电源采用动铁心式高漏抗变压器，单相桥式整流电路与电抗器串联减少直流电流的脉动，焊接电流稳定。

② 通过改变输出电缆的接线位置，达到交直流焊接功能的转换。

③ 适用酸性焊条焊接普通低碳钢，低合金钢构件。

④ 适用碱性焊条焊接低碳钢构件和一般的中碳钢、不锈钢、铸铁件等。

⑤ 可广泛用于建筑、冶金、石油、化工、造船、机械等行业。

2）ZXE1 系列交直流两用弧焊电源如图 1-2 所示。

图 1-2　ZXE1 系列交直流两用弧焊电源

（3）交流弧焊电源（BX1 系列）

1）BX1 系列交流弧焊电源的特点。

①采用动铁心式高漏抗变压器。

② 200 型或 200 型以下有 220V 或 380V 的输入电压转换，通过转动手柄调节动铁心位置，无级调节电流的大小。

③ 可焊材料：低碳钢、中碳钢、低合金钢。

④ 环境温度：－10～40℃。

⑤ 工作场所海拔高度不超过 1000m。

⑥ 供电电压的波动在额定值的 ±10% 以内。

⑦ 工作场所风力低于 1.5m/s。

2）BX1 系列交流弧焊电源如图 1-3 所示。

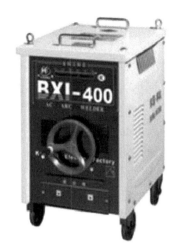

图 1-3 BX1 系列交流弧焊电源

2. 焊机型号

（1）产品型号编制办法 焊机型号根据 GB/T 10249—2010《电焊机型号编制办法》来编制，产品型号由汉语拼音字母及阿拉伯数字组成。

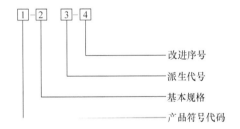

1）型号中 2、4 各项用阿拉伯数字表示。

2）型号中 3 项用汉语拼音字母表示。

3）型号中 3、4 项若不用时，可空缺。

4）改进序号按产品改进程序用阿拉伯数字连续编号。

（2）产品符号代码的编排秩序

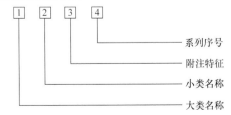

1）产品符号代码中 1、2、3 各项用汉语拼音字母表示。

2）产品符号代码中 4 项用阿拉伯数字表示。

3）附注特征和系列序号用于区别同小类的各系列和品种，包括通用和专用产品。

4）产品符号代码中3、4项若不需表示时，可以只用1、2项。

5）可同时兼作几大类焊机使用时，其大类名称的代表字母按主要用途选取。

6）如果产品符号代码的1、2、3项的汉语拼音字母表示的内容，不能完整表达该焊机的功能或有可能存在不合理的表述时，产品的符号代码可以由该产品的产品标准规定。

3. 焊条电弧焊电源的选择及使用

（1）弧焊电源的选择

1）根据焊条药皮种类和性质选择电源种类。焊条电弧焊时，凡低氢型焊条应选用直流电源，如E5015应选用直流电源反接法，可以选择晶闸管整流式弧焊整流器，如ZXG-160、ZXG-400等；也可选用三相动圈式弧焊整流器，如ZX3-160、ZX3-400等。对于酸性焊条应选用交流电源，一般选择弧焊变压器，如BX1-160、BX1-400、BX2-125、BX2-400、BX3-400、BX6-160、BX6-400等。

2）根据焊接现场条件选择焊接电源种类。当焊接现场用电方便时，可以根据焊件的材质、焊件的重要程度选用焊条电弧焊变压器或各类弧焊整流器。当在野外作业用电不方便时，应选用柴油机驱动直流弧焊发电机，如AXC-160、AXC-400等。

（2）弧焊电源的使用 弧焊变压器一般也称交流弧焊电源，它在所有弧焊电源中应用最广。弧焊变压器的分类及常用型号见表1-1。

表1-1 弧焊变压器的分类及常用型号

类型	结构形式	国产常用型号
串联电抗器式弧焊变压器	分体式	BP—3×500 BN—300 BN—500
	同体式	BX—500 BX2—500 BX2—1000
增强漏磁式弧焊变压器	动铁心式	BX1—135 BX1—300 BX1—500
	动圈式	BX3—300 BX3—500
		BX3—1—300 BX3—1—500
	抽头式	BX6—120—1 BX6—160 BX6—120

（3）弧焊电源的使用注意事项

1）弧焊电源接入网络时，网络电压必须与其一次电压相符。

2）弧焊电源外壳必须接地或接零。

3）改变极性和调节电流必须在空载或切断电源的情况下进行。

4）弧焊电源应放在通风良好而又干燥的地方，不应靠近高热区域，并保持平稳。

5）严格按弧焊电源的额定焊接电流和负载持续率使用，不要使其在过载状态下运行。

二、熔化极气体保护焊焊接电源

1. 熔化极气体保护焊工作原理

熔化极气体保护焊是将焊丝作为电极，与工件接触产生电弧，电弧加热焊丝和母材，焊丝熔化形成熔滴，母材熔化形成熔池，如图1-4所示。

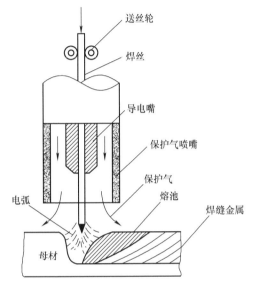

图1-4　熔化极气体保护焊工作原理

2. 熔化极气体保护焊焊接电源

（1）晶闸管控制二氧化碳保护焊焊接电源（KR系列）（见图1-5）

KR系列焊机采用独特的辅助直流电抗器，使小电流区域短路频率提高，电弧柔和稳定，大电流区域短路频率降低，飞溅小，焊接性能优越。

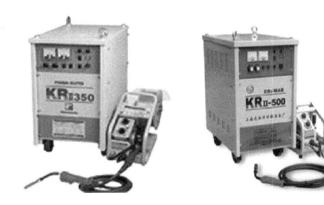

图1-5　KR系列晶闸管控制二氧化碳保护焊机

（2）二氧化碳气体保护焊焊接电源（NBC系列）（见图1-6）　NBC系列半自动二氧化碳气体保护焊机采用10级调节输出电压，档位多，调节规范方便；

送丝机构送丝平稳，力矩大；适用于薄、中板的焊接和间隙点焊；可焊接的材料有低碳钢、低合金结构钢、低合金高强钢。

图1-6 NBC系列二氧化碳气体保护焊机

三、非熔化极气体保护焊焊接电源

1. 手工钨极氩弧焊的工作原理

钨极氩弧焊又称钨极惰性气体保护焊（简称TIG焊），它是使用纯钨或活化钨作为电极，以惰性气体——氩气作为保护气体的气体保护焊方法，如图1-7所示。

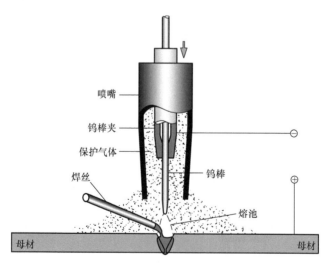

图1-7 钨极氩弧焊工作原理

2. 熔化极气体保护焊焊接电源

（1）逆变式氩弧焊机（TIG系列） TIG系列逆变式氩弧焊机（见图1-8）

采用 MOSFET 逆变技术，工作频率高达 100kHz 以上，电源轻便，节能省电；采用高频增压引弧及脉冲热引弧设计，起弧性能好，焊接电流稳定，最小可达 10A，焊缝美观，便于薄板的焊接。

图 1-8　TIG 系列逆变式氩弧焊电源

（2）WSE 交直流手工氩弧焊电源　WSE 交直流手工氩弧焊电源（见图 1-9）具有一机四用的功能：手工交流、手工直流、交直流氩弧焊、收弧功能；起弧容易，电弧稳定，焊接成形好、电流调节简单，维护方便；主要用于铝、铝合金、铜、不锈钢、铁及非铁金属的焊接。

图 1-9　WSE 交直流手工氩弧焊焊接电源

四、其他焊接电源及设备

TPS 系列数字化脉冲 MIG/MAG 焊接电源。

（1）基本结构　TPS 系列焊接电源主要由焊接电源、送丝机构和焊枪等组成。福尼斯 TPS5000 型 MIG 焊焊接电源如图 1-10 所示。

（2）各部件功能

1）控制面板。焊接电源的控制面板位于焊接电源前面板上部，控制面板上各部件的位置如图 1-11 所示，名称及作用见表 1-2（表 1-2 中的代号与图 1-11 中的序号一致）。

图 1-10　福尼斯 TPS5000 型 MIG 焊焊接电源

1—电源开关　2—焊机水循环系统　3—接地线接口　4—焊枪线缆　5—焊枪
6—参数调节数显界面　7—接地线　8—焊枪连接口　9—手动电压调节旋钮　10—手动电流调节旋钮
11—焊接小车　12—焊丝存放装置　13—气瓶　14—气体流量计　15—主电源接口

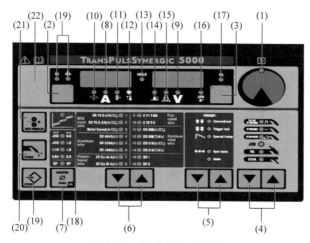

图 1-11　焊机的控制面板

表 1-2　焊机的控制面板上各部件的名称及作用

代号	名称	作用说明
1	调节旋钮	用于调节各种参数。当调节旋钮的指示灯亮时，才能调节参数
2	参数选择键	用来选择下列参数： 焊脚尺寸、板厚、焊接电流、送丝速度、用户定义显示 F1 或 F2 指示灯 一旦选定某个参数，就可以通过调节旋钮来调整（只有当调节旋钮和参数选择键的指示灯都亮时，所指示或选择的参数才能通过调节旋钮来调整）

（续）

代号	名称	作用说明
3	参数选择键	用来选择下列参数 电弧长度修正、熔滴过渡/电弧推力、焊接速度、电弧电压等 一旦选定某个参数，就可以通过调节旋钮来调整（只有当调节旋钮和参数选择键的指示灯都亮时，所指示或选择的参数才能通过调节旋钮来调整）
4	焊接方法选择键	用来选择下列焊接方法 脉冲 MIG/MAG 焊接、普通 MIG/MAG 焊接、特殊焊接方法（如铝焊接）、JOB 模式（调用预先存储焊接方法及规范）、接触引弧的 TIG 焊、焊条电弧焊 铝合金焊接选用脉冲 MIG 焊
5	焊枪操作方式选择键	用来选择下列操作方式 二步开关操作、四步开关操作、焊铝特殊四步开关操作、Model1 及 Model2（用户可加载特殊的焊枪开关操作方式） 铝合金焊接选用二步开关操作或特殊四步开关操作
6	焊接材料选择键	选择所采用的焊接材料及相配的保护气体。模块 SP1、SP2 是为了用户可能会增加的特殊焊接材料而预留的
7	焊丝直径选择键	选择需要采用的焊丝直径。模块 SP 是为增加额外的焊丝直径而预留的
8	焊接电流参数	显示焊接电流值：焊前，显示器显示设定的电流值；焊接过程中显示实际电流值
9	焊接电压参数	显示焊接电压值：焊前，显示器显示设定的电压值；焊接过程中显示实际电弧电压值
10	板厚参数	用来选择板厚（单位：mm）。选定板厚后，焊机会自动优化设定其他焊接参数（即调板厚实际调了焊接电流，调电流也就是调板厚）
11	送丝速度参数	选择送丝速度（单位：m/min）。选定后，其他焊接参数会自动设定。此参数手工操作焊接时由系统设定，一般不需要调动
12	过热指示	电源温度太高（如超过了负载持续率）指示灯亮，需停止焊接
13	暂储指示灯（HOLD 指示灯）	每次焊接操作结束，焊机自动储存实际焊接电流和电弧电压值，此时指示灯亮

（续）

代号	名称	作用说明
14	电弧长度修正	在 +20% 范围内调节相对弧长（可由小车下旋钮调节） "—"表示弧长缩短 "0"表示中等弧长（一般先设定"0"，再根据实际需要调节弧长） "+"表示弧长加长
15	熔点过渡/电弧推力（电弧挺度）调节	采用不同的焊接方法所起的功能不同 ① 脉冲 MIG/MAG 焊：连续调节熔滴过渡推力（熔滴分离力） "—"表示弧长缩短 "0"表示中等过渡推力（一般先设定"0"，再根据实际需要调节推力） "+"表示增强过渡推力（立、仰焊可向"+"调一些） ② 普通 MIG/MAG 焊：用以调节熔滴过渡时短路瞬间的电弧力 "—"表示较硬、较稳定的电弧 "0"表示自然电弧 "+"表示较软、低飞溅电弧 ③ 焊条电弧焊：在熔滴过渡瞬间，影响短路电流 "0"表示较软、低飞溅电弧 "100"表示较硬、较稳定的电弧
16	工作序号（记忆模式）	工作序号是由"存储"键预先存入的，用于随时调用以前已存储的参数
17	用户自定义指示	F1、F2、F3 指示预定义参数（如电动机电流，用户要求的特定程序）
18	中介电弧指示	介于短路过渡和喷射过渡之间的电弧称中介电弧，此种电弧的熔滴过渡效果最差，飞溅较大
19	设置/储存键	用于进入手工设置或存储参数
20	气体测试按键	用于检测气体流量
21	点动送丝按键	将焊丝送入焊枪（用于未通电及保护气体时实现送丝）
22	空白键	—

2）TPS2700 焊接电源如图 1-12 所示。

3）VR4000 型送丝机如图 1-13 所示。

正视图　　　　后视图　　　　　　侧视图

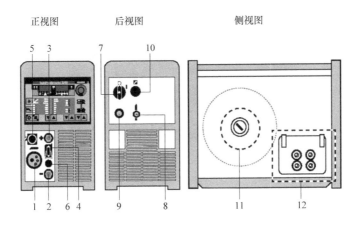

图 1-12 TPS2700 焊接电源

1—焊枪接口　2—负极快速接口　3—正极快速接口　4—焊枪控制接口　5—遥控接口

6—备用接口　7—主开关　8—保护气接口　9—主线缆接口　10—备用接口

11—焊丝盘座　12—四轮送丝机构

图 1-13 VR4000 型送丝机

4）FK4000/4000R 冷却系统如图 1-14 所示。

图 1-14 FK4000/4000R 冷却系统

1—冷却水位指示　2—注水口　3—水泵熔丝　4—备用回水插口　5—备用出水插口

5）Up/Down 焊枪如图 1-15 所示。

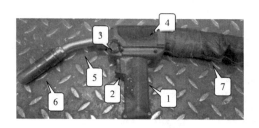

图 1-15　Up/Down 焊枪

1—焊枪拉丝电动机　2—焊枪开关　3—电流调节旋钮　4—拉丝机构
5—枪颈　6—喷嘴　7—焊枪线缆

第二节　焊接材料

一、焊条

焊条就是涂有药皮的供焊条电弧焊用的熔化电极，它由药皮和焊芯两部分组成。

1. 焊条的组成及其作用

（1）焊条的组成　焊条是涂有药皮的用于焊条电弧焊的熔化极，它由焊芯（金属芯）和药皮组成，如图 1-16 所示。焊条药皮是压涂在焊芯表面的涂层。焊芯是焊条中被药皮包覆的金属芯，根据焊条药皮和焊芯的重量比即药皮的重量系数比（kb），kb 值一般在 40% ～60% 之间。焊条前端药皮有 45°左右的倒角，主要为了便于焊接引弧。在尾部有一段裸露焊芯，约占焊条总长度的 1/16，便于焊钳夹持并有利于导电。焊条直径通常为 2mm、2.5mm、3.2mm、4mm、5mm 和 6mm 等几种，常用的是 ϕ2.5mm、ϕ3.2mm、ϕ4mm 和 ϕ5mm 4 种，其长度 L 一般在 250～450mm 之间。

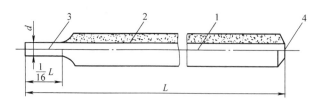

图 1-16　焊条的组成

1—焊芯　2—药皮　3—夹持端　4—引弧端

（2）焊条药皮的组成　压涂在焊芯表面上的涂料层称为药皮。焊条药皮是由各种矿物类、铁合金和金属类、有机物类及化工产品等原料组成。

（3）焊芯 焊条中被药皮包覆的金属芯称为焊芯。焊芯一般是一根具有一定长度及直径的钢丝。

1）焊芯的作用。焊接时，焊芯有两个作用：一是传导焊接电流，产生电弧把电能转换成热能；二是焊芯本身熔化作为填充金属与液体母材金属熔合形成焊缝。焊芯的成分将直接影响着熔敷金属的成分和性能，各类焊条所用的焊芯（钢丝）见表1-3。

表1-3 各类焊条所用的焊芯

序号	焊条种类	所用焊芯
1	低碳钢焊条	低碳钢焊芯（H08A 等）
2	低合金高强钢焊条	低碳钢或低合金钢焊芯
3	低合金耐热钢焊条	低碳钢或低合金钢焊芯
4	不锈钢焊条	不锈钢或低碳钢焊芯
5	堆焊用焊条	低碳钢或合金钢焊芯
6	铸铁焊条	低碳钢、铸铁、非铁合金焊芯
7	有色金属焊条	有色金属焊芯

2）焊芯的分类及牌号。焊芯应符合国家标准 GB/T 14957—1994《熔化焊用钢丝》和 GB/T 17854—2018《埋弧焊用不锈钢焊丝 - 焊剂 组合分类要求》的规定，用于焊芯的专用的金属丝（称焊丝）分为碳素结构钢、低合金结构钢和不锈钢三类。

焊芯的牌号编制方法为：字母"H"表示焊丝；"H"后的一位或两位数字表示含碳量，化学元素符号及其后面的数字表示该元素的近似含量，当某合金元素的含量低于1%（质量分数）时，可省略数字，只记元素符号；尾部标有"A"或"E"时，分别表示为"优质品"或"高级优质品"，表明硫、磷等杂质含量更低。例如：

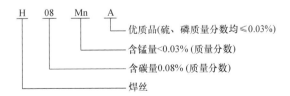

（4）焊条药皮的作用

1）机械保护作用。在焊接时，焊条药皮熔化后产生大量的气体笼罩着电弧区和熔池，把熔化金属与空气隔绝开来，防止空气中的氧、氮侵入，起到保护熔化金属的作用。同时，焊接过程中药皮由于被电弧焊的热作用而使药皮熔化形成熔渣覆盖着熔滴和熔池金属，隔绝了空气中的氧、氮，保护焊缝金属，而且还能减缓焊缝的冷却速度，促进焊缝金属中气体的排出，减少生成气孔的可能性，并能改善焊缝的成形和结晶，起到熔渣保护作用。

2）冶金处理渗合金作用。在焊接过程中，由于药皮组成物质进行冶金反应，其作用是去除有害杂质（如氧、氮、氢、硫、磷等），并保护和添加有益合金元素，使焊缝的抗气孔性及抗裂性能良好，使焊缝金属满足各种性能要求。

3）改善焊接工艺性能。焊接工艺性能是指焊条使用和操作时的性能，它包括稳弧性、脱渣性、全位置焊接性、焊缝成形、飞溅大小等。好的焊接工艺性能使电弧稳定燃烧、飞溅少、焊缝成形好、易脱渣、熔敷效率高，适用全位置焊接等。

2. 焊条的分类及型号和牌号

（1）焊条的分类

1）按用途分类。通常焊条按用途可分为10类，见表1-4。

表1-4　焊条分类

焊条分类	主要用途（用于焊接）	代号	
		拼音	汉字
结构钢焊条	碳钢和低合金钢	J	结
钼及铬钼耐热钢焊条	珠光体耐热钢	R	热
铬不锈钢焊条	不锈钢	G	铬
铬镍不锈钢焊条		A	奥
堆焊焊条	用于堆焊，以获得较好的热硬性、耐磨性及耐腐蚀性的堆焊层	D	堆
低温钢焊条	用于低温下的工作结构	W	温
铸铁焊条	用于焊补铸铁构件	Z	铸
镍及镍合金焊条	镍及高镍合金及异种金属和堆焊	Ni	镍
铜及铜合金焊条	铜及铜合金，包括纯铜焊条和青铜焊条	T	铜
铝及铝合金焊条	铝及铝合金	L	铝
特殊用途焊条	水下焊接等特殊工作	Ts	特

2）按熔渣酸碱性分类。根据熔渣的碱度将焊条分为酸性焊条和碱性焊条（又称低氢型焊条），即按熔渣中酸性氧化物和碱性氧化物的比例划分。

3）按焊条药皮主要成分分类。焊条药皮由多种原料组成，按药皮的主要成分可以确定焊条的药皮类型。根据国家标准，常用药皮类型的主要成分、性能特点、适应范围见表1-5。

表1-5　常用药皮类型的主要成分、性能特点、适应范围

药皮类型	药皮主要成分	性能特点	适应范围
钛铁矿型	30%质量分数以上的钛铁矿	熔渣流动性良好，电弧吹力较大，熔深较深，熔渣覆盖良好，脱渣容易，飞溅一般，焊波整齐。焊接电流为交流或直流正、反接，适用于全位置焊接	用于焊接重要的碳钢结构及强度等级较低的低合金钢结构。常用焊条为E4301、E5001
钛钙型	30%质量分数以上的氧化钛和20%质量分数以下的钙或镁的碳酸盐矿	熔渣流动性良好，脱渣容易，电弧稳定，熔深适中，飞溅少，焊波整齐，成形美观。焊接电流为交流或直流正、反接，适用于全位置焊接	用于焊接较重要的碳钢结构及强度等级较低的低合金钢结构。常用焊条为E4303、E5003
高纤维素钠型	大量的有机物及氧化钛	焊接时有机物分解，产生大量气体，熔化速度快，电弧稳定，熔渣少，飞溅一般。焊接电流为直流反接，适用于全位置焊接	主要焊接一般低碳钢结构，也可打底焊及向下立焊。常用焊条为E4310、E5010
高钛钠型	35%（质量分数）以上的氧化钛及少量的纤维素、锰铁、硅酸盐和钠水玻璃等	电弧稳定，再引弧容易。脱渣容易，焊波整齐，成形美观。焊接电流为交流或直流反接	用于焊接一般低碳钢结构，特别适合薄板结构，也可用于盖面焊。常用焊条为E4312
低氢钠型	碳酸盐矿和氟石	焊接工艺性能一般，熔渣流动性好，焊波较粗，熔深中等，脱渣性较好，可全位置焊接，焊接电流为直流反接。焊接时要求焊条干燥，并采用短弧。该类焊条的熔敷金属具有良好的抗裂性能和力学性能	用于焊接重要的碳钢结构及低合金钢结构。常用焊条为E4315、E5015
低氢钾型	在低氢钠型焊条药皮的基础上添加了稳弧剂，如钾水玻璃等	电弧稳定，工艺性能、焊接位置与低氢钠型焊条相似，焊接电流为交流或直流反接，该类焊条的熔敷金属具有良好的抗裂性能和力学性能	用于焊接重要的碳钢结构，也可焊接相适用的低合金钢结构。常用焊条为E4316、E5016
氧化铁型	大量氧化铁及较多的锰铁	焊条熔化速度快，焊接生产率高，电弧燃烧稳定，再引弧容易，熔深较大，脱渣性好，焊缝金属抗裂性好。但飞溅稍大，不宜焊薄板，只适合平焊及平角焊，焊接电流为交流或直流	用于焊接重要的低碳钢结构及强度等级较低的低合金钢结构。常用焊条为E4320、E4322

（2）焊条的型号及牌号表示方法　近年来，国家对许多焊条标准进行了修订并修改名称。如：

GB/T 5117—2012《非合金钢及细晶粒钢焊条》替代了 GB/T 5117—1995《碳钢焊条》。

GB/T 5118—2012《热强钢焊条》替代了 GB/T 5118—1995《低合金钢焊条》。

GB/T 983—2012《不锈钢焊条》替代了 GB/T 983—1995《碳钢焊条》。

1）非合金钢及细晶粒钢焊条型号。非合金钢及细晶粒钢焊条型号的国家标准《非合金钢及细晶粒钢焊条》（GB/T 5117—2012），其规定了焊条的表示方法。具体如下：

① 第一部分用字母"E"表示焊条。

② 第二部分为字母"E"后面的紧邻两位数字，表示熔敷金属抗拉强度的最小值，见表 1-6。

表 1-6　熔敷金属抗拉强度代号

抗拉强度代号	抗拉强度最小值/MPa
43	430
50	490
55	550
57	570

③ 第三部分为字母"E"后面的第三和第四两位数字，表示药皮类型、焊接位置和电流类型，见表 1-7。

表 1-7　药皮类型代号

代号	药皮类型	焊接位置	电流类型
03	钛型	全位置	交流和直流正、反接
10	纤维素	全位置	直流反接
11	纤维素	全位置	交流和直流正、反接
12	金红石	全位置	交流和直流正、反接
13	金红石	全位置	交流和直流正、反接
14	金红石＋铁粉	全位置	交流和直流正、反接
15	碱性	全位置	直流反接
16	碱性	全位置	交流和直流反接
18	碱性＋铁粉	全位置	交流和直流反接
19	钛铁矿	全位置	交流和直流正、反接

(续)

代号	药皮类型	焊接位置	电流类型
20	氧化铁	PA、PB	交流和直流反接
24	金红石＋铁粉	PA、PB	交流和直流正、反接
27	氧化铁＋铁粉	PA、PB	交流和直流正、反接
28	碱性＋铁粉	PA、PB、PC	交流和直流正接
40	不做规定	由制造商确定	
45	碱性	全位置	直流反接
48	碱性	全位置	交流和直流反接

注：PA＝平焊、PB＝平角焊、PC＝横焊。此处"全位置"并不一定包含向下立焊，由制造商确定。

④ 第四部分为熔敷金属的化学成分分类代号，可为"无标记"或短画线"－"后的字母、数字和数字的组合。

⑤ 第五部分为熔敷金属的化学成分分类代号之后状态代号，其中"无标记"表示焊态，"P"表示热处理状态，"AP"表示焊态和焊后热处理状态两种状态均可。

a）字母"U"，表示在规定试验温度下，冲击吸收能量可以达到47J以上。

b）扩散氢代号"HX"，其中 X 代表15、10 和5，分别表示100g 熔敷金属中扩散氢含量的最大值（mL）。

例如：E4303，E55 15－N5 P U H10。

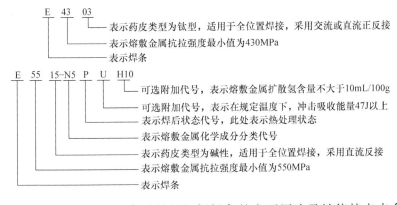

E 43 03
└── 表示药皮类型为钛型，适用于全位置焊接，采用交流或直流正接
└── 表示熔敷金属抗拉强度最小值为430MPa
└── 表示焊条

E 55 15－N5 P U H10
└── 可选附加代号，表示熔敷金属扩散氢含量不大于10mL/100g
└── 可选附加代号，表示在规定温度下，冲击吸收能量47J以上
└── 表示焊后状态代号，此处表示热处理状态
└── 表示熔敷金属化学成分分类代号
└── 表示药皮类型为碱性，适用于全位置焊接，采用直流反接
└── 表示熔敷金属抗拉强度最小值为550MPa
└── 表示焊条

2）焊条的牌号。焊条牌号是根据焊条的主要用途及性能特点来命名的，焊条牌号通常以一个汉语拼音字母（或汉字）与三位数字表示。拼音字母（或汉字）表示焊条各大类，后面的三位数字中，前两位数字表示熔敷金属抗拉强度最低值，第三位数字表示焊条药皮类型及焊接电源种类。焊条牌号中第三位数字的含义见表1-8。

表 1-8 焊条牌号中第三位数字含义

焊条牌号	药皮类型	焊接电源种类	焊条牌号	药皮类型	焊接电源种类
××0	未规定	未规定	××5	—	交直流
××1	氧化	交直流	××6	低氢钾型	交直流
××2	钛钙型	交直流	××7	低氢钠型	直流
××3	钛铁性	交直流	××8	石墨型	交直流
××4	氧化铁型	交直流	××9	盐基型	直流

3）常用碳钢焊条型号与焊条牌号的对照见表 1-9。

表 1-9 常用碳钢焊条型号与牌号对照表

序号	型号	牌号	序号	型号	牌号
1	E4301	J423	7	E5001	J503
2	E4303	J422	8	E5003	J502
3	E4311	J425	9	E5011	J505
4	E4315	J427	10	E5016	J506
5	E4316	J426	11	E5018	J506Fe
6	E4320	J424			

3. 焊条的选用和消耗量计算

（1）焊条的选用原则 焊条的选用须在确保焊接结构安全、可靠使用的前提下，根据等强度原则、同成分原则、等条件原则、抗裂纹原则、抗气孔原则、低成本原则合理地选用焊条。

目前生产作业过程中常用的焊条与牌号匹配，见表 1-10。

表 1-10 常用钢推荐选用的焊条

牌号	焊条型号	对应焊条牌号	牌号	焊条型号	对应焊条牌号
Q23i - A. F Q23 - A、10、20	E4303	J422	16MnD	E5015 - G	J507RH
20R	E4316	J426	15MnV	E5003	J502
20HP、20G	E4315	J427	15MnVR	E5016	J506
25	E4303	J422	15MnVRC	E5515 - G	J557
	E5003	J502		E0 - 19 - 10	A102
09Mn2V、 09Mn2VDR	E5515—C1	W707Ni	12Cr18Ni9Ti	E0 - 19 - 15	A107
06MnNbDR	E5515—C2	W707Ni		E0 - 19 - 10N	A132
Q345（16Mn）	R5003	J502		19 - 10Nb	A137
16MnR	E5016	J506	0Cr19Ni9	E0 - 19 - 16	A102
16MnRC	E5015	J507		E0 - 19 - 15	A107

牌号	焊条型号	对应焊条牌号	牌号	焊条型号	对应焊条牌号
16MnDR	E5016—G	J506RH	0Cr18Ni9Ti	E0－10Nb16	A132
				E0－10Nb15	A137
16MnDR	E5016－G	J506RH	00Cr18Ni10	E00－10－16	A002
			00Cr19Ni11	E00－10－15	A002

（2）常用的焊条消耗量计算　焊条的消耗量主要由焊接结构的接头形式、坡口形式和焊缝长度等因素决定，下面给出一个相关的计算公式：$M = [(AL\rho)/K_n](1 + K_b)$

式中　M——焊条消耗量（g）；

　　　A——焊缝横截面积（cm^2）；

　　　L——焊缝长度（cm）；

　　　ρ——熔敷金属的密度（g/cm^3）；

　　　K_b——药皮重量系数；

　　　K_n——金属由焊条到焊缝的转熔系数。

例：有一焊接产品为不开坡口的角焊缝，焊脚高度 K 为10mm，凸度 C 为1mm，母材为Q235－A钢，采用焊条电弧焊焊接。焊条型号为E5015，焊条直径为3.2mm，焊接电流为160A，焊缝长度为5m，焊条的转熔系数 K_n 为0.79，药皮重量系数 K_b 为0.32，钢的密度为7.8g/cm^3，试计算焊条用量。

解：$M = [(AL\rho)/1000K_n] \times (1 + K_b)/1000$

$= [(K^2/2 + KC)L\rho/1000K_n] \times (1 + K_b)/1000$

$= \{[(10 \times 10 \div 2) + (10 \times 1)] \times 5000 \times 7.8/(1000 \times 0.79)\} \times (1 + 0.32)/1000 kg = \{(60 \times 5 \times 7.8)/(1000 \times 0.79)\} \times 1.32/1000 kg \approx 3.90987 kg \approx 3.91 kg$

答：焊条用量为3.91kg。

4. 焊条的使用和保管

（1）焊条的正确使用

1）焊条在使用前，若焊条说明书无特殊规定时，一般应进行烘干，焊条烘干设备如图1-17所示。

① 酸性焊条由于药皮中含有结晶水物质和有机物，烘干温度不能太高，一般为100～150℃，保温时间一般为1～2h。

② 碱性焊条在空气中极易吸潮且药皮中没有有机物，因此，烘干温度较酸

性焊条应高些，一般为 350~450℃，保温时间一般为 1~2h；烘干的焊条应放在 100~150℃ 的保温筒内进行保温，以便随用随取，如图 1-18 所示。

2）低氢型焊条一般在常温下存放超过 4h 应重新烘干，重复烘干次数不宜超过三次。

（2）焊条的保管

1）焊条必须在干燥通风良好的室内仓库存放；焊条储存库内，应设置温度计、湿度计；保存低氢型焊条的室内温度不低于 5℃，相对空气湿度低于 60%。

图 1-17　焊条烘干设备

2）焊条应存放在架子上，架子离地面高度不小于 300mm，离墙壁距离不小于 300mm；架子下面应放置干燥剂等，严防焊条受潮。

3）焊条堆放时应按种类、牌号、批次、规格及入库时间分类存放；每堆应有明确的标注，避免混乱。

图 1-18　焊条保温筒

二、焊丝

1. 焊丝的分类

焊丝的分类很多，常用的分类有以下 3 种：

（1）按焊接方法分类　可分为埋弧焊焊丝、气体保护焊焊丝、钨极氩弧焊焊丝、熔化极氩弧焊焊丝、电渣焊焊丝等。

（2）按所配套的钢种分类　可分为碳钢焊丝、低合金钢焊丝、低合金耐热钢焊丝、不锈钢焊丝、低温钢焊丝、镍基合金焊丝、铝及铝合金焊丝、钛及钛合金焊丝等。

（3）按焊丝的形状结构分类　可分为实芯焊丝和药芯焊丝。

1）实芯焊丝的分类

① 埋弧焊焊丝主要有低碳钢用焊丝、低合金钢用焊丝、低合金耐热钢用焊丝、不锈钢用焊丝、低温钢用焊丝、表面堆焊用焊丝等。

② 气体保护焊焊丝。气体保护焊焊丝根据焊接方法和保护气体的不同，可分为 TIG 焊焊丝、MIG 焊焊丝、MAG 焊焊丝及 CO_2 焊焊丝。

2）药芯焊丝的分类。药芯焊丝的截面结构分为有缝焊丝和无缝焊丝两种。药芯焊丝的截面形状如图 1-19 所示。

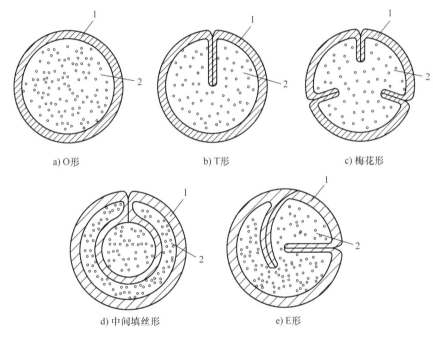

a) O形　　　　　b) T形　　　　　c) 梅花形

d) 中间填丝形　　　　　e) E形

图 1-19　药芯焊丝的截面形状
1—钢带　2—药粉

2. 焊丝的型号、牌号

（1）实芯焊丝的型号　焊丝型号的表示方法为 ER XX – X，字母"ER"表示焊丝，ER 后面的两位数字表示熔敷金属的抗拉强度最低值，短画线"–"后的字母或数字表示焊丝化学成分分类代号。

举例：

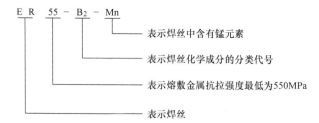

（2）实芯焊丝的牌号　焊丝牌号的首位字母"H"表示焊接用实芯焊丝，后面的一位或两位数字表示含碳量，气体合金元素含量的表示方法与钢材表示方法大致相同。牌号尾部标有"A"或"E"时，表示S、P含量要求低的优质焊丝，"E"表示硫、磷含量要求特别低的特优质焊丝。

举例：

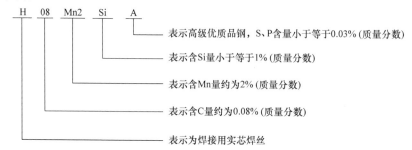

（3）药芯焊丝型号　药芯焊丝根据药芯类型、是否采用保护气体、焊接电流种类以及对单道焊和多道焊的适用性进行分类。药芯焊丝型号由焊丝类型代号和焊缝金属的力学性能两部分组成。第一部分以英文字母"EF"表示药芯焊丝代号，代号后面的第一位数字表示适用的焊接位置："0"表示用于平焊和横焊，"1"表示用于全位置焊。代后后面的第二位数字或字母为分类代号。第二部分在短画线"－"后用四位数字表示焊缝力学性能，前两位数字表示抗拉强度，后两位数字表示冲击吸收能量。

举例：

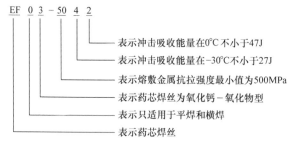

（4）药芯焊丝牌号

举例：

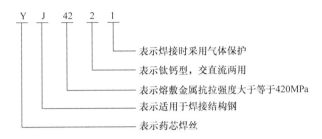

三、焊剂

1. 焊剂的分类及作用

（1）焊剂的定义 焊剂是指焊接时，能够熔化形成熔渣和气体，对熔化金属起保护和冶金处理作用的一种物质，一般常由大理石、石英、氟石等矿石和钛白粉、纤维素等化学物质组成，主要用于埋弧焊和电渣焊。

（2）焊剂的分类

1）按焊剂用途分类。根据被焊材料，焊剂可分为钢用焊剂和有色金属用焊剂。钢用焊剂又可分为碳钢、合金结构钢及高合金钢用焊剂。

2）根据焊接工艺方法，焊剂可分为埋弧焊焊剂和电渣焊焊剂。

3）按焊剂制造方法分类。

① 熔炼焊剂；

② 非熔炼焊剂（又可分为烧结焊剂及黏结焊剂）。

4）按焊剂化学成分分类。

① 根据所含主要氧化物性质分为酸性焊剂、中性焊剂、碱性焊剂，一般由碱度 B 来表示。

根据国际焊接学会推荐公式来计算碱度 B：

$$B = \frac{CaO + MgO + BaO + Na_2O + K_2O + CaF_2 + 0.5\ (MO + FeO)}{SiO_2 + 0.5\ (Al_2O_3 + TiO_2 + ZrO_2)}$$

式中各氧化物及氟化物的含量是按质量分数计算，再由计算结果进行如下分类：

当 $B < 1.0$ 时为酸性焊剂，具有良好的工艺性能，焊缝成形美观，但焊缝金属含氧量高，冲击韧度较高。

当 $B = 1.0 \sim 1.5$ 为中性焊剂，熔敷金属的化学成分与焊丝的化学成分相近，焊缝含氧量较低。

当 $B > 1.5$ 为碱性焊剂，采用碱性焊剂得到的熔敷金属含氧低，可以获得较高的焊缝冲击韧度，抗裂性能好，但焊接工艺较差。随碱度的提高，焊缝形状变得窄而高，并容易产生咬边、夹渣等缺陷。

按照国际焊接学会推荐公式计算的部分国产焊剂碱度值见表1-11。

表 1-11　国产焊剂的碱度值

焊剂牌号	130	131	150	172	230	250	251	260	330	350	360	430	431	433
碱度值	0.78	1.46	1.30	2.68	0.80	1.75	1.68	1.11	0.81	1.0	0.94	0.78	0.79	0.67

② 根据 SiO_2 含量可分为高硅焊剂 $[w(SiO_2)>30\%]$、中硅焊剂 $[w(SiO_2)$ $10\%\sim30\%]$、低硅焊剂 $[w(SiO_2)<10\%]$。

③ 根据 MnO 含量可分为高锰焊剂 $[w(MnO)>30\%]$、中锰焊剂 $[w(MnO)$ $15\%\sim30\%]$、低锰焊剂 $[w(MnO)2\%\sim15\%]$、无锰焊剂 $[w(MnO)\leqslant2\%]$。

④ 根据 CaF_2 含量分为高氟焊剂 $[w(CaF_2)>30\%]$、中氟焊剂 $[w(CaF_2)$ $10\%\sim30\%]$、低氟焊剂 $[w(CaF_2)\leqslant10\%]$。

（3）焊剂的作用

1）机械保护。

2）向熔池过渡必要的金属元素。

3）改善焊缝表面成形。

4）促进焊缝表面光洁平直。

5）具有防止飞溅、提高熔敷系数等作用。

2. 焊剂牌号和型号

（1）焊剂的牌号

1）牌号前"HJ"表示埋弧焊及电渣焊用熔炼焊剂。

2）牌号的第一位数字：表示焊剂中氧化锰的含量。

3）牌号的第二位数字：表示焊剂中二氧化硅、氟化钙的含量。

4）牌号的第三位数字：表示同一类型焊剂的不同牌号，按01、02、03、…、09顺序排列。

5）对同一牌号熔炼焊剂生产两种颗粒时，在细颗粒焊剂牌号后加"X"区分（焊剂颗粒度一般分为两种：普通颗粒度焊剂为40～80目，细颗粒度焊剂的粒度为60～140目）。

应用举例：

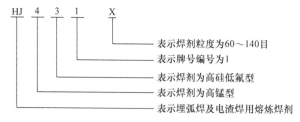

熔炼焊剂牌号中第一位数字的含义见表1-12，第二位数字的含义见表1-13。

表 1-12　熔炼焊剂牌号中第一位数字的含义

牌号	焊剂类型	氧化锰含量（质量分数,%）	备注
HJ1XX	无锰	MnO ≤ 2	
HJ2XX	低锰	MnO 2 ~ 15	
HJ3XX	中锰	MnO 16 ~ 30	
HJ4XX	高锰	MnO > 30	

表 1-13　熔炼焊剂牌号中第二位数字的含义

牌号	焊剂类型	二氧化硅含量（质量分数,%）	氟化钙含量（质量分数,%）
HJX1X	低硅低氟	$SiO_2 \leq 10$	$CaF_2 \leq 10$
HJX2X	中硅低氟	SiO_2 10 ~ 30	$CaF_2 < 10$
HJX3X	高硅低氟	$SiO_2 > 30$	$CaF_2 < 10$
HJX4X	低硅中氟	$SiO_2 < 10$	CaF_2 10 ~ 30
HJX5X	中硅中氟	SiO_2 10 ~ 30	CaF_2 10 ~ 30
HJX6X	高硅中氟	$SiO_2 > 30$	CaF_2 10 ~ 30
HJX7X	低硅高氟	$SiO_2 \leq 10$	$CaF_2 \geq 30$
HJX8X	中硅高氟	SiO_2 10 ~ 30	$CaF_2 > 30$
HJX9X	其他		

（2）焊剂的型号

1）在 GB/T 5293—1994《埋弧焊用碳钢焊丝和焊剂》中，型号分类根据焊丝和焊剂组合的熔敷金属力学性能、热处理状态进行划分。编制方法如下：字母"F"表示焊剂；第一位数字表示焊丝和焊剂组合的熔敷金属抗拉强度的最小值；第二位数字表示试件的热处理状态，"A"表示焊态，"P"表示焊后热处理状态；第三位数字表示熔敷金属吸收能量不小于 27J 时的最低试验温度，"－"后面表示焊丝牌号，焊丝牌号按 GB/T 14957—1994《熔化焊用钢丝》规定。

应用举例：

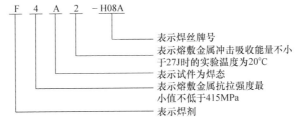

2）根据 GB 12470—2003《埋弧焊用低合金钢焊丝和焊剂》的规定：

① 型号分类是根据熔敷金属力学性能和热处理状态来划分。

② 焊丝 - 焊剂组合的型号编制方法为 F××××-H×××。其中字母"F"表示焊剂；"F"后面的两位数字表示焊丝 - 焊剂组合的熔敷金属抗拉强度的最小值；第二位字母表示试件的状态，"A"表示焊态，"P"表示焊后热处理状态；第三位数字表示熔敷金属冲击吸收能量不小于 27J 的最低试验温度；"－"

后面表示焊丝的牌号，焊丝的牌号按 GB/T 14957 和 GB/T 3429。如果需要标注熔敷金属中扩散氢含量时，可用后缀"H×"表示。

应用举例：

F 55 A 4—H08MnMoA—H8*

- 表示熔敷金属中扩散氢含量不大于8ml/100g
- 表示焊丝牌号
- 表示熔敷金属冲击吸收能量不小于27J时的最低试验温度为−40℃
- 表示试件为焊态
- 表示熔敷金属抗拉强度值为550～700MPa
- 表示焊剂

*此代号标注与否由焊剂生产厂决定

3）据 GB/T 17854—1999《埋弧焊用不锈钢焊丝和焊剂》的规定，埋弧焊用不锈钢焊丝和焊剂的熔敷金属中铬含量应小于10%（质量分数），镍含量应小于36%（质量分数）；焊丝和焊剂的型号分类是根据焊丝－焊剂组合的熔敷金属化学成分、力学性能进行划分。

焊丝－焊剂型号举例如下：

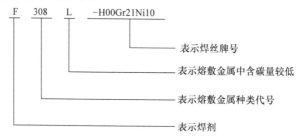

F 308 L —H00Gr21Ni10

- 表示焊丝牌号
- 表示熔敷金属中含碳量较低
- 表示熔敷金属种类代号
- 表示焊剂

四、焊接用气体

焊接用气体主要是指气体保护焊（二氧化碳气体保护焊、惰性气体保护焊）中所用的保护性气体和气焊、切割时用的气体，包括二氧化碳（CO_2）、氩气（Ar）、氦气（He）、氧气（O_2）、可燃气体、混合气体等。

1. 焊接用气体的分类

（1）常用保护气体保护气体主要包括二氧化碳（CO_2）、氩气（Ar）、氦气（He）、氧气（O_2）和氢气（H_2）。

1）二氧化碳气。CO_2 气体是氧化性保护气体，CO_2 有固态、液态、气态三种状态。纯净的 CO_2 气体无色、无味。焊接用的 CO_2 气体常为装入钢瓶的液态 CO_2，既经济又方便。CO_2 钢瓶规定漆成黑色，上写黄色"液化二氧化碳"字样。

2）氩气。氩气是空气中除氮、氧之外，含量最多的一种稀有惰性气体，无色无味，氩气钢瓶规定漆成银灰色，上写绿色（氩）字。目前我国常用氩气钢瓶的容积为33L、40L、44L，在20℃以下，满瓶装氩气压力为15MPa。氩气钢瓶一般应直立放置。焊接用氩气的纯度按我国现行规定应达到99.99%（体积分数）。

3）氦气。氦气是一种无色、无味的惰性气体，其电离电位较高，焊接时引弧困难。作为焊接用保护气体，一般要求氦气的纯度为99.9%～99.999%（体积分数）。

4）氮气。氮气可用作焊接时的保护气体；由于氮气导热及携热性较好，也常用作等离子弧切割的工作气体。

5）混合气体。混合气体一般也是根据焊接方法、被焊材料以及混合比对焊接工艺的影响等进行选用。不同材料焊接用混合气体及适用范围见表1-14。

表1-14 不同材料焊接用混合气体及适用范围

被焊材料	保护气体	混合比（体积分数，%）	化学性质	焊接方法	主要特性
铝及铝合金	Ar + He	He10（MIG），He10～90（TIG焊）	惰性	TIG MIG	He的传热系数大，在相同电弧长度下，电弧电压比用Ar时高。电弧温度高，母材热输入大，熔化速度较高。适于焊接厚铝板，可增大熔深，减少气孔，提高生产效率。但若加入He的比例过大，则飞溅较多
钛、锆及其合金	Ar + He	75/25	惰性	TIG MIG	可增加热输入，适用于射流电弧、脉冲电弧及短路电弧，可改善熔深及焊缝金属的湿润性
铜及铜合金	Ar + He	50/50 或 30/70	惰性	TIG MIG	可改善焊缝金属的湿润性，提高焊接质量。热输入比纯Ar大
	Ar + N₂	80/20	–	熔化极气体保护焊	热输入比纯Ar大，但有一定飞溅和烟雾，焊缝成形较差
不锈钢及高强度钢	Ar + O₂	O₂1～2 其余Ar	氧化性	熔化极气体保护焊（MAG）	细化熔滴，降低射流过渡的临界电流，减小液体金属的黏度和表面张力，从而防止产生气孔和咬边等缺陷。焊接不锈钢时加入O₂的体积分数不宜超过2%，否则焊缝表面氧化严重，会降低焊接接头质量。用于射流电弧及脉冲电弧

（续）

被焊材料	保护气体	混合比 （体积分数,%）	化学性质	焊接方法	主要特性
不锈钢及 高强度钢	$Ar + N_2$	$N_2\,1 \sim 4$ 其余 Ar	惰性	TIG	可提高电弧刚度，改善焊缝成形
	$Ar + O_2 + CO_2$	$O_2\,2$ $CO_2\,5$ 其余 Ar	氧化性	MAG	用于射流电弧、脉冲电弧及短路电弧
	$Ar + CO_2$	$CO_2\,2.5$ 其余 Ar	氧化性	MAG	用于短路电弧。焊接不锈钢时加入 CO_2 的体积分数最大量应小于 5%，否则渗碳严重
	$Ar + O_2$	$O_2\,1 \sim 5$ 或 20 其余 Ar	氧化性	MAG	生产率较高，抗气孔性能优。用于射流电弧及对焊缝要求较高的场合
碳钢及低 合金钢	$Ar + CO_2$	70(80)/30(20)	氧化性	MAG	有良好的熔深，可用于短路过渡及射流过渡电弧
	$Ar + O_2 + CO_2$	80/15/5	氧化性	MAG	有较佳的熔深，可用于射流、脉冲及短路电弧
镍基合金	$Ar + He$	$He\,20 \sim 25$ 其余 Ar	惰性	TIG MIG	热输入比纯 Ar 大
	$Ar + H_2$	$H_2 < 6$ 其余 Ar	还原性	非熔化极 气体保护焊	可以抑制和消除焊缝中的 CO 气孔，提高电弧温度，增加热输入

（2）气焊、切割用气体根据气体的性质，气焊、切割用气体又可以分为两类，即助燃气体（O_2）和可燃气体。气焊、切割时常用的可燃气体是乙炔，目前推广使用的可燃气体还有丙烷、丙烯、液化石油气（以丙烷为主）、天然气（以甲烷为主）等。

1）氧气（O_2）。氧气在常温常压下是一种无色、无臭、无味、无毒的气体。在 0℃和 1 个大气压（101325Pa）下氧气密度为 1.43kg/m³，比空气大。氧的液化温度为 −182.96℃，液态氧呈浅蓝色。氧气的存储和运输一般都将氧气装在专用的氧气瓶中，并且氧气瓶外部应涂上天蓝色油漆，用黑色油漆写上"氧气"两字以作标志。用于气焊和切割的氧气纯度越高越好，尤其是切割时，为实现切口下缘无粘渣，氧气纯度（体积分数）至少在 99.6%以上。

2）乙炔（C_2H_2）。乙炔是未饱和的碳氢化合物（C_2H_2），在常温和 1 个大气压（101325Pa）下是无色气体。一般情况下焊接用乙炔，因含有 H_2S 及 PH_3 等杂质而有一种特殊的气味。乙炔是目前在气焊和切割中应用最为广泛的一种可燃性气体。乙炔瓶体通常被漆成白色，并印有"乙炔"红色字样。焊接时，一般要求乙炔的纯度大于98%（体积分数）。

（3）焊接常用气体的钢瓶颜色标记见表1-15。

表1-15　焊接常用气体的钢瓶颜色标记

气体	符号	瓶色	字样	字色	色环
氢	H_2	淡绿	氢	大红	淡黄
氧	O_2	淡蓝	氧	黑	白
空气	—	黑	空气	白	白
氮	N_2	黑	氮	淡黄	白
乙炔	C_2H_2	白	乙炔不可近火	大红	—
二氧化碳	CO_2	黑	液化二氧化碳	黄	黑
甲烷	CH_4	棕	甲烷	白	淡黄
丙烷	C_3H_8	棕	液化丙烷	白	—
丙烯	C_3H_6	棕	液化丙烯	淡黄	—
氩	Ar	银灰	氩	深绿	白
氦	He	银灰	氦	深绿	白
液化石油气	—	银灰	液化石油气	大红	—

2. 焊接用气体的选用

（1）根据焊接方法选用气体　根据在施焊过程所采用的焊接方法不同，焊接、切割或气体保护焊用的气体也不相同，焊接方法与焊接用气体的选用见表1-16。

（2）根据被焊材料选用气体　不同材料焊接时保护气体的适用范围见表1-17。

表1-16　焊接方法与焊接用气体的选用

焊接方法		焊接气体			
气焊		$C_2H_2 + O_2$		H_2	
气割		$C_2H_2 + O_2$	液化石油气 + O_2	煤气 + O_2	天然气 + O_2
等离子弧切割		空气	N_2	Ar + N_2	Ar + H_2　N_2 + H_2
实心焊丝	钨极惰性气体保护焊（TIG）	Ar	He	Ar + He	
	熔化极惰性气体保护焊（MIG）	Ar	He	Ar + He	
	熔化极活性气体保护焊（MAG）	Ar + O_2	Ar + CO_2	Ar + CO_2 + O_2	
	CO_2气体保护焊	CO_2	CO_2 + O_2		
	药芯焊丝	CO_2	Ar + O_2	Ar + CO_2	

表1-17　不同材料焊接时保护气体的适用范围

被焊材料	保护气体	化学性质	焊接方法	主要特性
铝及铝合金	Ar	惰性	TIG　MIG	TIG 焊采用交流电源。MIG 焊采用直流反接，有阴极破碎作用，焊缝表面光洁
钛、锆及其合金	Ar	惰性	TIG　MIG	电弧稳定燃烧，保护效果好

（续）

被焊材料	保护气体	化学性质	焊接方法	主要特性
铜及铜合金	Ar	惰性	TIG MIG	产生稳定的射流电弧，但板厚大于 5 ~ 6mm 时需预热
	N_2	—	熔化极气体保护焊	热输入大，可降低或取消预热，有飞溅及烟雾，一般仅在脱氧铜焊接时使用氮弧焊，氮气来源方便，价格便宜
不锈钢及高强度钢	Ar	惰性	TIG	适用于薄板焊接
碳钢及低合金钢	CO_2	氧化性	MAG	适于短路电弧，有一定飞溅
镍基合金	Ar	惰性	TIG MIG	对于射流、脉冲及短路电弧均适用，是焊接镍基合金的主要气体

五、钨极

钨极是用具有高熔点，耐腐蚀，高密度，良好的导热和导电性材料制成的。钨极主要用于 TIG 焊接，是在钨基体中通过粉末冶金的方法掺入 0.3% ~ 5%（质量分数）左右的稀土元素（如：铈、钍、镧、锆、钇等）而制作的钨合金条，再经过压力加工而成。钨极直径 0.25 ~ 6.4mm，标准长度 75 ~ 600mm，而最常使用的规格为直径 1.0mm、1.6mm、2.4mm 和 3.2mm。

1. 钨极的种类

气体保护焊专用电极按化学成分进行分类，主要有纯钨极、铈钨极、钍钨极、锆钨极、镧钨极及复合电极等，如图 1-20 所示。

1）铈钨极（WCe20）如图 1-20a 所示。铈钨极电子逸出功低，化学稳定性高，而且允许的电流密度大，没有放射性污染，属于绿色环保产品。只需使用较小电流即可实现轻松的引弧，而且维弧电流也相当小，在直流小电流的焊接条件下，铈钨极使用较为广泛，尤其适宜于管道、细小部件的焊接。

2）钍钨极（WTh20）如图 1-20b 所示。钍钨极电子放射能力强，电弧燃烧较稳定，综合性能优良，尤其是能承受过载电流。但是钍钨极有轻微的放射性，所以在某些场合应用受到限制。钍钨极通常用在碳钢、不锈钢、镍及镍合金、钛及钛合金的直流电源焊接。

3）锆钨极（WZ3、WZ8）如图 1-20c 所示。锆钨极在交流电源条件下使用表现较好，在焊接过程中，电极端部能保持圆球状而且电弧比纯钨极更稳定，尤其体现在高载荷条件下的优越表现，更是其他电极所不能替代的。锆钨极同时还具有良好的耐蚀性。锆钨极主要适用于铝、镁及合金的交流电源焊接。

4）镧钨极（WL10、WL15）如图 1-20d 所示。镧钨极焊接性能优良，导电性能接近钍钨极（WTh20），焊接过程中没有放射性元素，不对人体造成伤害。同时焊工不需要改变任何焊接操作程序，即可快速方便的用此电极替代钍钨极。镧钨极主要用于直流电源焊接。

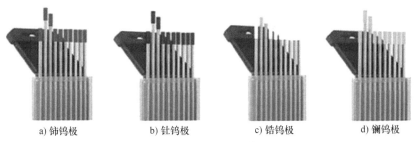

| a) 铈钨极 | b) 钍钨极 | c) 锆钨极 | d) 镧钨极 |

图 1-20 钨极种类

2. 钨极的选用

钨极的焊接电流承载能力与钨极的直径有较大的关系，焊接工件时，可根据焊接电流选择合适的钨极直径，见表 1-18。

表 1-18 根据焊接电流大小选择钨极直径

钨极直径/mm	直流 DC/A		交流 AC/A
	电极接正极（+）	电极接负极（-）	
1.0	—	15 ~ 80	10 ~ 80
1.6	10 ~ 19	60 ~ 150	50 ~ 120
2.0	12 ~ 20	100 ~ 200	70 ~ 160
2.4	15 ~ 25	150 ~ 250	80 ~ 200
3.2	20 ~ 35	220 ~ 350	150 ~ 270
4.0	35 ~ 50	350 ~ 500	220 ~ 350
4.8	45 ~ 65	420 ~ 650	240 ~ 420
6.4	65 ~ 100	600 ~ 900	360 ~ 560

3. 钨极端部的形状

钨极端部的形状分为：平端部、锥形、半圆形和球形。在焊接过程中钨极端部的形状对电弧的稳定性有很大的影响，常用的钨极端部形状与电弧稳定性的关系见表 1-19。

表 1-19 常用钨极端部形状与电弧稳定性的关系

钨极端部形状	钨极种类	电流极性	适用范围	电弧燃烧情况
90°	铈钨或钍钨极	直流正接	大电流	稳定

（续）

钨极端部形状	钨极种类	电流极性	适用范围	电弧燃烧情况
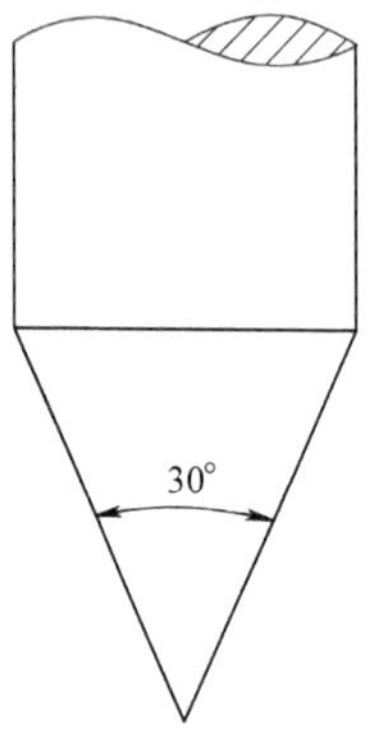	铈钨或钍钨极	直流正接	小电流薄板焊接	稳定
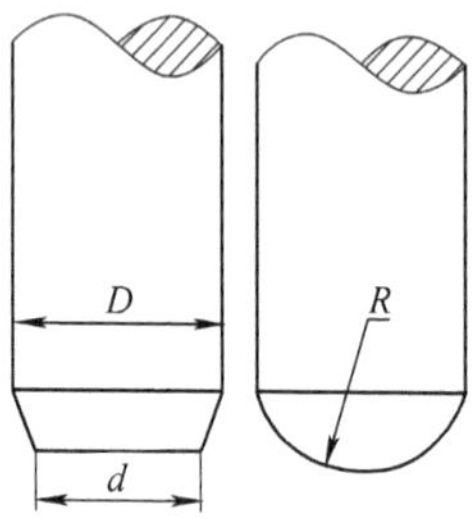	铈钨或钍钨极	直流正接	直径小于1mm的细钨丝电极连续焊	良好
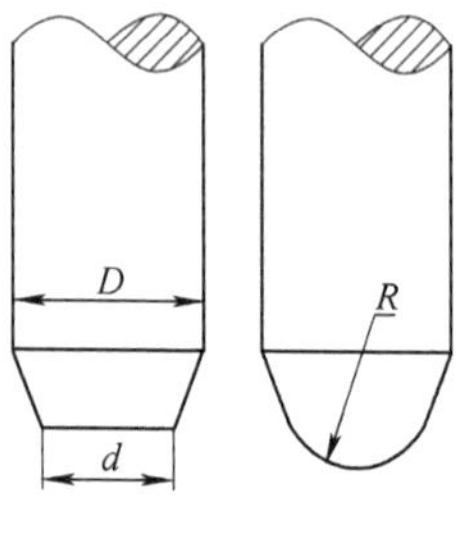	纯钨极	交流	铝、镁及其合金焊接	稳定

4. 钨极修磨

钨极磨锥后，尖端直径应适当，太大时，电弧不稳定；太小时，容易熔化。一般要根据焊接电流的大小来决定。磨修的长度一般为钨极直径的 3~5 倍，末端的最小直径应为钨极直径的 1/2。钨极端头修磨形状示意图如图 1-21 所示。

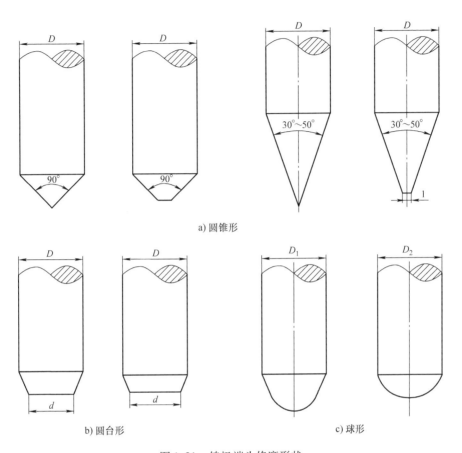

a) 圆锥形

b) 圆台形

c) 球形

图 1-21　钨极端头修磨形状

第三节　焊接接头和焊接位置

一、焊接接头的类型

1. 焊接接头种类、特点及应用

用焊接方法连接的接头称为焊接接头。它一般由焊缝、熔合区和热影响区三部分组成，如图 1-22 所示。

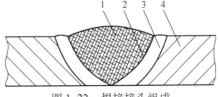

图 1-22　焊接接头组成

1—焊缝　2—熔合区　3—热影响区　4—母材

焊接接头的基本形式有对接接头、T形接头、角接接头、搭接接头和端接接头5种基本类型，焊接接头的类型、特点及应用见表1-20。

表1-20　焊接接头的类型、特点及应用

接头类型	特点	应用	图示
对接接头	对接接头是两焊件表面构成大于或等于90°、小于或等于180°夹角的接头，即由板或棒或管组成的两焊件相对端面焊接而成的接头。对接头从受力的角度看是比较理想的接头形式，受力状况好，应力集中程度较小、材料消耗较少。但对焊件边缘加工及装配要求较高	对接接头是焊接结构中采用最多的一种接头形式。一般厚度在6mm以下，不开坡口（I形坡口）。若钢板厚度大于6mm时必须开坡口。常用的有V形、Y形、双Y形和U形坡口等	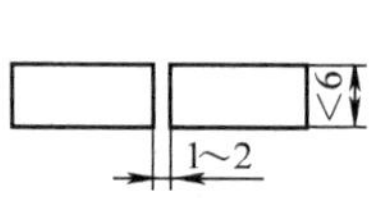 a) I形坡口 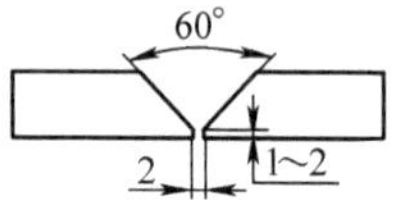　b) Y形坡口 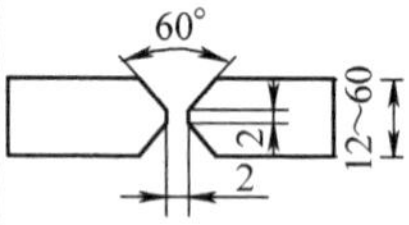 c) 双Y形坡口 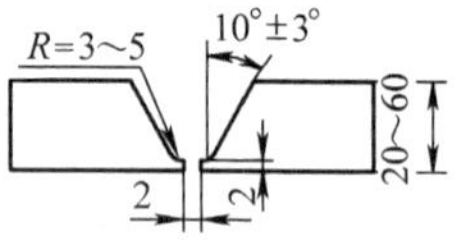　d) 带钝边U形坡口
T形接头	T形接头是一个焊件的端面与另一焊件表面构成直角或近似直角的接头。T形接头是一种典型的电弧焊接头，能承受各个方向的力和力矩	T形接头是各类箱型结构中最常见的结构形式。在一般情况下，T形接头可不开坡口，若焊缝要求承受载荷时，应选用带钝边的单边V形、带钝边的双单边V形（K形）和带钝边的双J形等坡口形式，使接头焊透，以保证接头强度	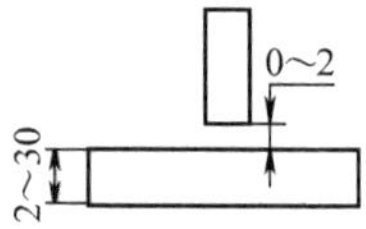 a) I形坡口 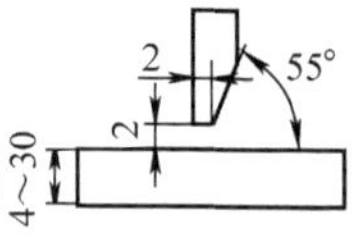　b) 带钝边单边V形坡口 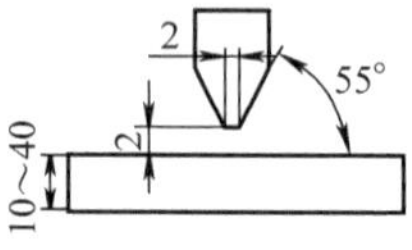 c) 带钝边双单边V形坡口 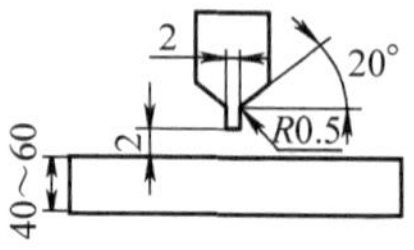　d) 带钝边双J形坡口
角接接头	角接接头是两焊件端面间构成大于或等于30°，小于135°夹角的接头。角接接头承载能力差，特别是当接头承受弯曲力时，焊根易出现应力集中而造成根部开裂	角接接头一般用于不重要的焊接结构中。角接接头一般不开坡口，根据焊件厚度和坡口准备的不同，也可开单边V形坡口、Y形坡口及带钝边双单边V形（K形）坡口等	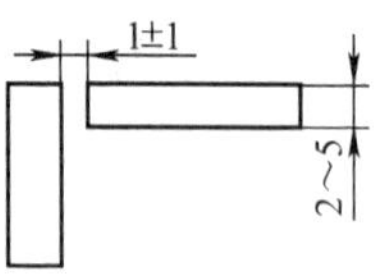 a) I形坡口 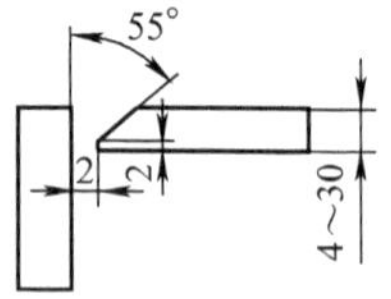　b) 带钝边单边V形坡口 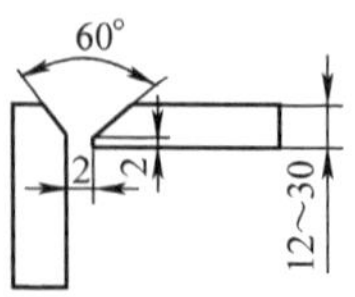 c) Y形坡口 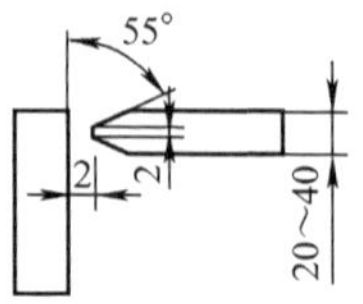　d) 带钝边双单边V形坡口

（续）

接头类型	特点	应用	图示
搭接接头	搭接接头是两焊件部分重叠构成的接头。搭接接头应力分布不均匀，疲劳强度较低，不是理想的接头形式，但其焊前准备和装配较简单	搭接接头有不开坡口、塞焊缝和槽焊缝等形式。不开坡口的搭接接头，一般用于12mm以下钢板，其重叠部分尺寸为3～5倍板厚，并采用双面焊接，常用在不重要的结构中。当结构重叠部分的面积较大时，常选用圆孔塞焊缝和长孔槽焊缝的接头形式	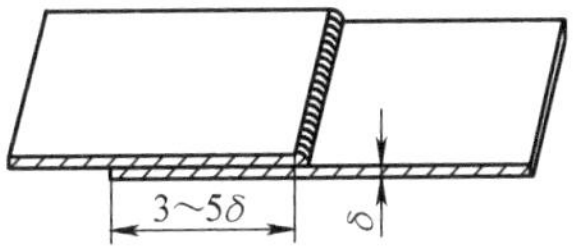 a) 不开坡口 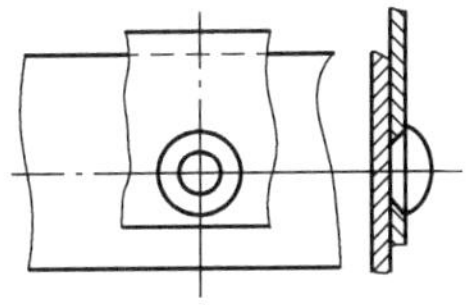 b) 塞焊缝 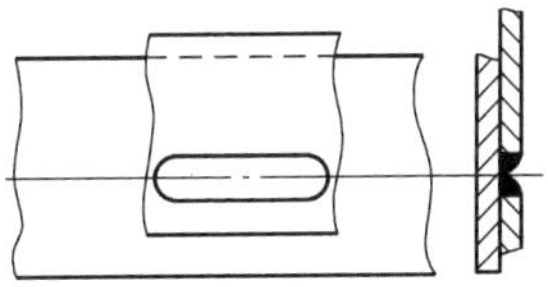 c) 槽焊缝
端接接头	端接接头是两焊件重叠放置或两焊件之间的夹角不大于30°，在端部进行连接的接头	端接接头通常只用于密封	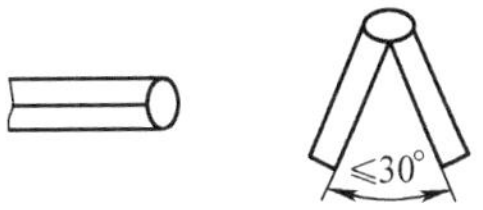 a)两焊件重叠放置的端接　b)两焊件夹角≤30°的端接

2. 焊缝接头形式和尺寸示例（见表1-21）

二、焊缝坡口的基本形式和尺寸

1. 焊接接头的坡口

根据坡口的形状不同可分为基本型、组合型和特殊型三类，见表1-22。

表 1-21 焊缝接头形式和尺寸示例

名称	接头形式	公称尺寸	适用范围	标准代号	备注
对接接头——焊条电弧焊		δ: 2~3mm / 4mm；b: 0~1mm / 1~2mm	薄板拼接、简体纵、环焊缝		
		δ: 3~40mm；α: 60°±5°；b: —	用于根部间隙较大，且无法用机械方法加工的容器环焊缝		
		δ: 6~10mm / 12~26mm；α: 45°±5° / 35°±5°；b: 7~8mm / 8~9mm；P: 1~2mm / 1~2mm	简体内无法焊接，但是允许衬垫板的焊缝		垫板尺寸由焊工自定
		δ: 16~60mm；α: 55°±5°；b: 2~3mm；P: 1~3mm	钢板拼接、简体纵焊缝		
		δ: 16~60mm / 92~150mm；β: 6°±2° / 4°±2°；b: 1~2mm；P: 2~3mm；R: 6~7mm	钢板拼接、简体纵焊缝		

	图	尺寸参数	适用场合	符号	说明
对接接头——埋弧焊		δ: 16~30mm; α: 45°~70°; b: 2~3mm; P: 7~9mm	钢板拼接、筒体纵、环焊缝		
接管与壳体焊接接头		$\beta=45°\pm5°$; $b=(1\pm0.5)$mm; $H\geq\delta_1$ mm; $K\geq6$mm	1. 壁厚较小的常压容器。2. 非特殊工况(如无疲劳,大的温度梯度,非低温介质)。3. 一般用于 $\delta_1 < \frac{1}{2}\delta_s$		
角接接头		$\beta=55°\pm5°$; $b=(2\pm1)$mm; $P=(2\pm1)$mm; $K=\delta_s$; $\delta_s\geq3$mm; $\delta_h=3\sim16$mm	主要用于 $DN < 600$mm 且内部无法施焊的管子或筒体与平盖的链接		本接头不推荐用于疲劳载荷的场合
搭接接头		$b=0\sim2$mm; $K=\delta_d+b$; $L\geq4\delta_s$; $\delta_s=3\sim16$	温度 $T=2\sim250$℃ 主要用于大型立式储罐的壳体(包括底板,顶盖板)质量的连接		本接头不得用于温度梯度大的场合

表 1-22 焊接接头坡口的分类及特点

坡口类型	坡口特点	图示
基本型	形状简单，加工容易，应用普遍。主要有 I 形坡口、V 形坡口、单边 V 形坡口、U 形坡口、J 形坡口五种。	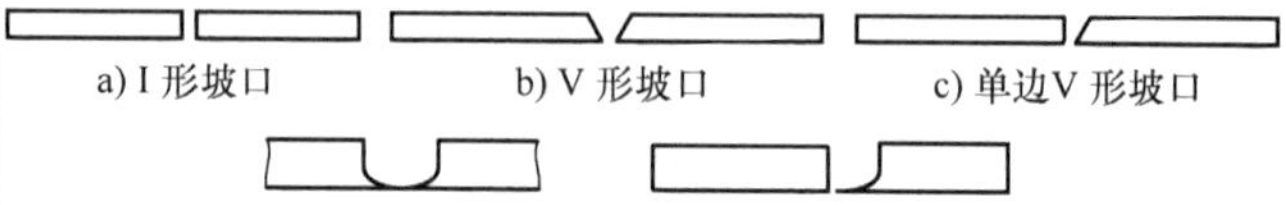 a) I 形坡口 b) V 形坡口 c) 单边 V 形坡口 d) U 形坡口 e) J 形坡口
组合型	由两种或两种上的基本型坡口组合而成，如 Y 形坡口、双 Y 形坡口（X 形坡口）、带钝边 U 形坡口、双单边 V 形坡口、带钝边单边 V 形坡口等。	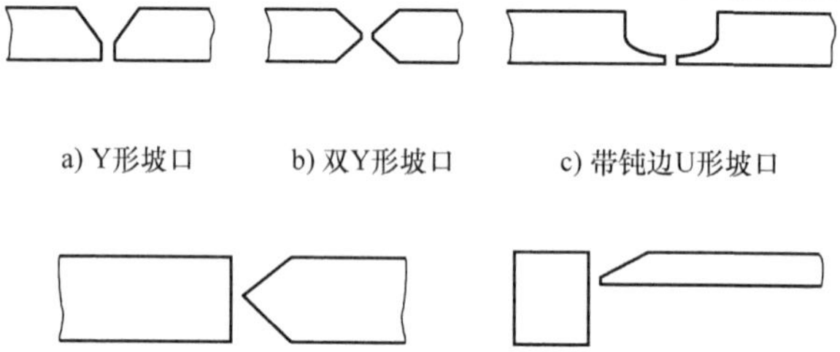 a) Y 形坡口 b) 双 Y 形坡口 c) 带钝边 U 形坡口 d) 双单边 V 形坡口 e) 带钝边单边 V 形坡口
特殊型	既不属于基本型又不同于组合型的特殊坡口，如卷边坡口、带垫板坡口、锁边坡口、塞焊坡口、槽焊坡口等。	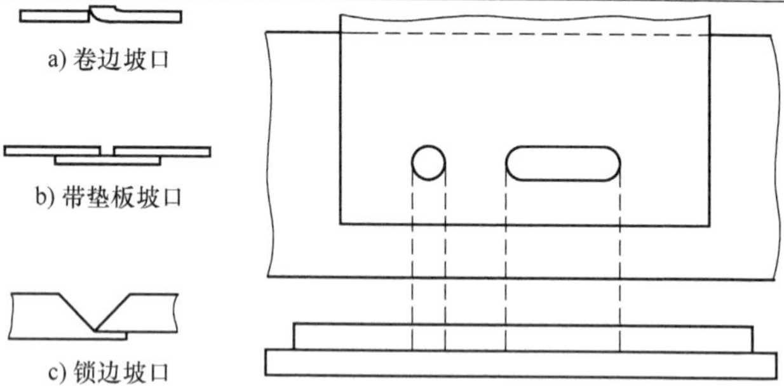 a) 卷边坡口 b) 带垫板坡口 c) 锁边坡口 d) 塞焊、槽焊坡口

2. 坡口尺寸及符号

坡口的尺寸一般包括坡口角度 α、坡口面角度 β、根部间隙 b、U 形坡口还有根部半径 R。

1）坡口面角度和坡口角度

① 坡口面角度。坡口面角度是指待加工坡口的端面与坡口面之间的夹角，用 β 表示，如图 1-23b 所示。

② 坡口角度。坡口角度是指两坡口面之间的夹角，用 α 表示，如图 1-23a 所示。

2）根部间隙。根部间隙又叫装配间隙，是指焊前在接头根部之间预留的空隙，用 b 表示，如图 1-23c 所示。其主要作用在于打底焊时保证接头根部焊透。

3）钝边。钝边是指焊件开坡口时，沿焊件厚度方向未开坡口的端面部分叫钝边，用 P 表示，如图 1-23d 所示。钝边的作用是防止根部烧穿，但钝边的尺寸要保证第一层焊缝能焊透。

4）根部半径。根部半径是指在 J 形、U 形坡口底部的圆角半径，用 R 表示，如图 1-23e 所示。其主要作用是增大坡口根部的空间，以便根部焊透。

5）坡口深度。坡口深度是指焊件上开坡口部分的高度，用 H 表示，如图 1-23f 所示。

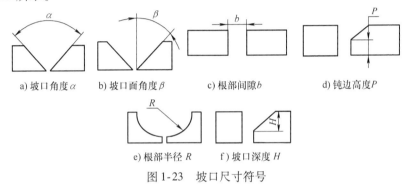

a) 坡口角度 α 　　b) 坡口面角度 β 　　c) 根部间隙 b 　　d) 钝边高度 P

e) 根部半径 R 　　f) 坡口深度 H

图 1-23　坡口尺寸符号

3. 不同焊接位置的坡口选择（见图 1-24）

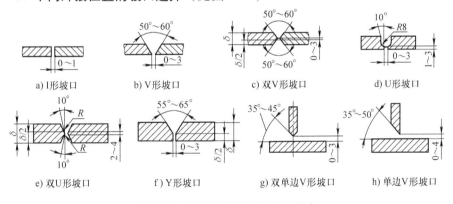

a) I 形坡口　　b) V 形坡口　　c) 双 V 形坡口　　d) U 形坡口

e) 双 U 形坡口　　f) Y 形坡口　　g) 双单边 V 形坡口　　h) 单边 V 形坡口

图 1-24　不同焊接位置的坡口形式

三、坡口的加工方法

常用的坡口加工方法有剪切、氧气切割、刨削、车削和碳弧气刨等。坡口成形的加工方法，需根据钢板厚度及接头形式而定，目前常用的加工方法有以下几种：

1. 剪切

对于采用 I 形接头的较薄钢板，可用剪板机剪切。

2. 氧气切割

氧气切割是一种使用很广的坡口成形加工方法，可以得到任意坡口面角度的V形、双V形坡口。

3. 刨削

利用刨边机刨削，能加工形状复杂的坡口面，加工后坡口面较平直，适用于较长的直线形坡口面的加工。

4. 车削

对于圆筒形零件的环缝，可利用立式车床进行车削坡口面。这种方法效率高，坡口面的加工质量好。

四、焊接位置

焊接位置是指熔焊时焊件接缝处的空间位置，可用焊缝倾角与转角对焊接位置来进行表示。

1. 焊接位置的分类

（1）平焊位置（PA）　焊缝倾角为0°、焊缝转角为90°的焊接位置如图1-25所示。

（2）横焊位置（PC）　焊缝倾角为0°、180°、焊缝转角为0°、180°的对接位置如图1-25所示。

（3）立焊位置（PF）　焊缝倾角为90°（立向上）、270°（立向下）的焊接位置如图1-25所示。

（4）仰焊位置（PE）　对接焊缝倾角为0°、180°，焊缝转角为270°的焊接位置如图1-25所示。

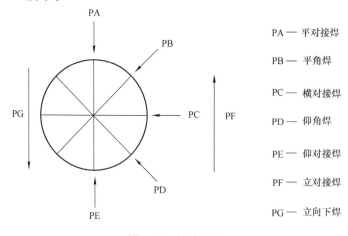

PA —— 平对接焊

PB —— 平角焊

PC —— 横对接焊

PD —— 仰角焊

PE —— 仰对接焊

PF —— 立对接焊

PG —— 立向下焊

图1-25　焊接位置

2. 板的焊接位置

板 + 板的焊接位置有 5 种，实际生产作业过程中主要有板平对接焊、板对接立焊、板对接横焊、板对接仰焊和船形焊。板 + 板焊接位置如图 1-26 所示。

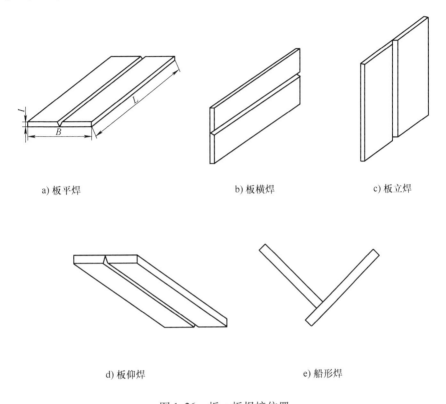

a) 板平焊　　　　　　　　　b) 板横焊　　　　　　　　　c) 板立焊

d) 板仰焊　　　　　　　　　e) 船形焊

图 1-26　板 + 板焊接位置

3. 管 + 管的焊接位置

管 + 管的焊接位置有四种，实际生产作业过程中主要有管 + 管垂直固定焊、管 + 管水平固定焊、管 + 管水平转动焊、管 + 管 45°固定焊，管 + 管焊接位置如图 1-27 所示。

4. 管 + 板的焊接位置

管 + 板接头方式有骑座式管 + 板角焊缝和插入式管 + 板角焊缝两种，管 + 板角焊缝焊接位置有垂直俯位焊、水平固定焊、垂直仰位焊及 45°固定焊等 4 种焊接位置。管 + 板接头种类如图 1-28 所示，管 + 板焊接位置如图 1-29 所示。

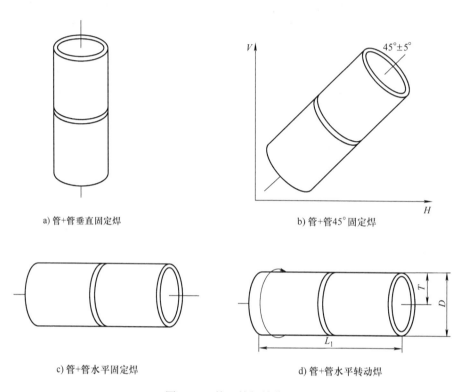

a) 管+管垂直固定焊

b) 管+管45°固定焊

c) 管+管水平固定焊

d) 管+管水平转动焊

图 1-27　管+管焊接位置

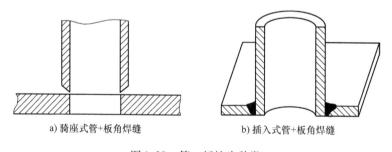

a) 骑座式管+板角焊缝

b) 插入式管+板角焊缝

图 1-28　管+板接头种类

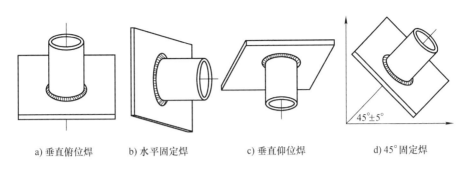

a) 垂直俯位焊   b) 水平固定焊   c) 垂直仰位焊   d) 45°固定焊

图 1-29　管 + 板焊接位置

第四节　焊缝符号和焊接方法代号

一、焊缝符号

焊缝符号是在图样上标注出焊缝形式、焊缝尺寸和焊接方法的符号。通过焊缝符号，可以简化焊接结构的产品图样。熟悉焊缝符号，可以根据图样要求制造出符合质量标准的产品。在技术图样中，一般按国家标准 GB/T 324—2008 规定的焊缝符号表示焊缝。焊缝符号由基本符号、指引线、补充符号、尺寸符号和数据组成。

1. 焊缝基本符号

基本符号是表示焊缝横截面形状的符号。它采用近似于焊缝横截面形状的符号来表示，见表 1-23。

表 1-23　焊缝基本符号

序号	名称	示意图	符号
1	卷边焊缝（卷边完全熔化）		⌣
2	I 形焊缝		‖
3	V 形焊缝		∨
4	单边 V 形焊缝		∨
5	带钝边 V 形焊缝		Y

（续）

序号	名称	示意图	符号
6	带钝边单边 V 形焊缝		Y
7	带钝边 U 形焊缝		Y
8	带钝边 J 形焊缝		Y
9	封底焊缝		⌣
10	角焊缝		△
11	槽焊缝或塞焊缝		⊓
12	点焊缝		○
13	缝焊缝		⊖

2. 焊缝辅助符号

辅助符号是表示焊缝表面形状特征的符号。如不需要确切地说明焊缝的表面形状时，可以不标辅助符号，见表1-24。焊缝辅助符号的应用示例见表1-25。

表1-24 焊缝辅助符号

序号	名称	示意图	符号	说明
1	平面符号	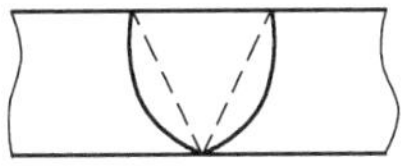	—	焊缝表面齐平（一般通过加工）
2	凹面符号	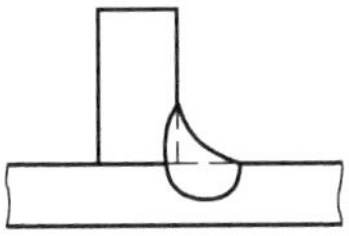	 ⌣	表示焊缝表面凹陷
3	凸面符号	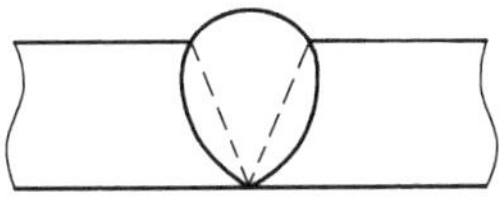	 ⌢	表示焊缝表面凸起

表1-25 焊缝辅助符号的应用示例

名称	示意图	符号
平面V形对接焊缝	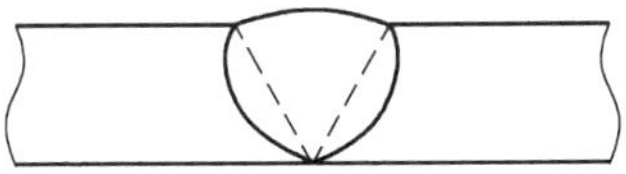	 V
凸面X形对接焊缝	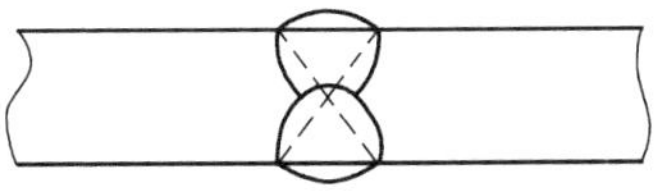	 ✕
凹面角焊缝	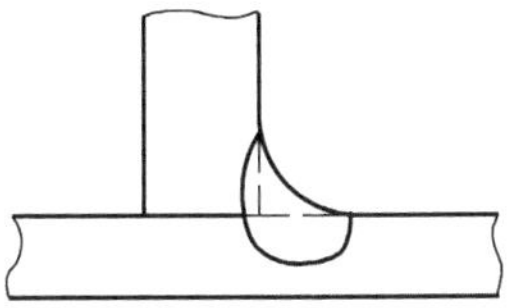	
平面封底V形焊缝	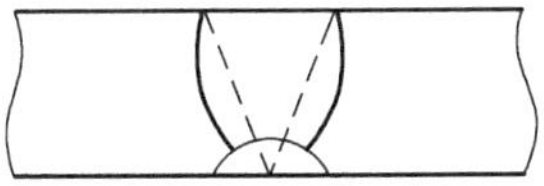	

3. 焊缝补充符号

补充符号是为了补充说明焊缝的某些特征而采用的符号见表1-26。补充符号的应用示例见表1-27。

表 1-26 焊缝补充符号

序号	名称	示意图	符号	说明
1	带垫板符号	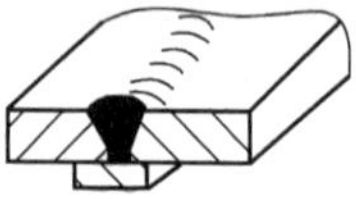		表示焊缝底部有垫板
2	三面焊缝符号	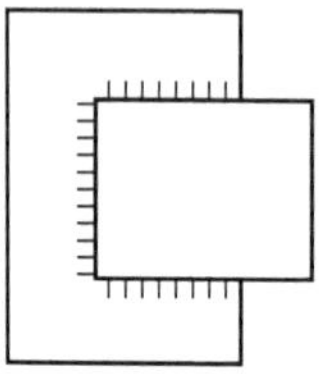		表示三面带有焊缝和开口方向
3	周围焊缝符号	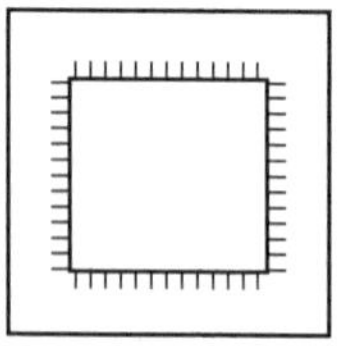	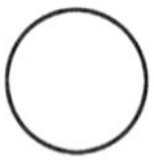	表示环绕工件周围焊缝
4	现场符号	—		表示在现场或工地上进行焊接
5	尾部符号	—		可以参照 GB/T 5185—2005 标注焊接工艺方法等内容

表 1-27 补充符号的应用示例

示意图	标注示例	说明
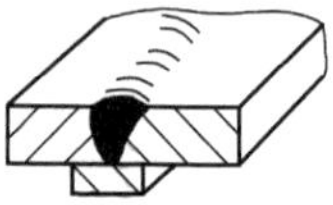	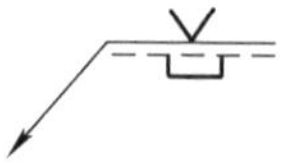	表示 V 形焊缝的背面底部有垫板
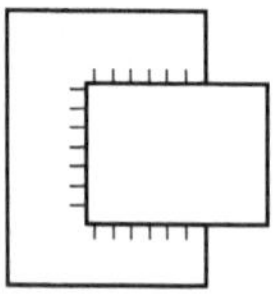	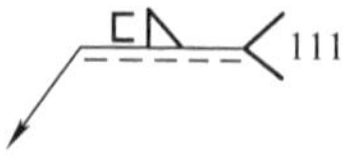	工件三面带有焊缝,焊接方法为焊条电弧焊的角焊缝
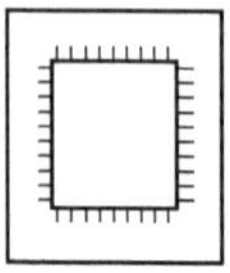	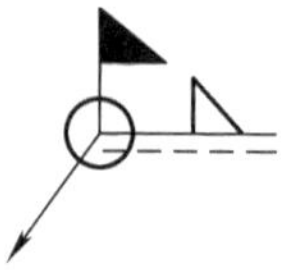	表示在现场沿工件周围施焊的角焊缝

4. 焊缝尺寸符号

焊缝尺寸符号是表示焊接坡口和焊缝尺寸的符号，见表1-28。

表 1-28　焊缝尺寸符号

符号	名称	示意图	符号	名称	示意图
δ	板材厚度		h	焊缝余高	
c	焊缝宽度		S	焊缝有效厚度	
b	根部间隙		N	相同焊缝数量符号	
K	焊脚高度		e	焊缝间距	
p	钝边高度		l	焊缝长度	
d	熔核直径		R	根部半径	
α	坡口角度		H	坡口高度	

5. 常用基本符号的画法及比例（见表1-29）。

表1-29　常用基本符号的画法及比例

名称	符号	名称	符号
角焊缝	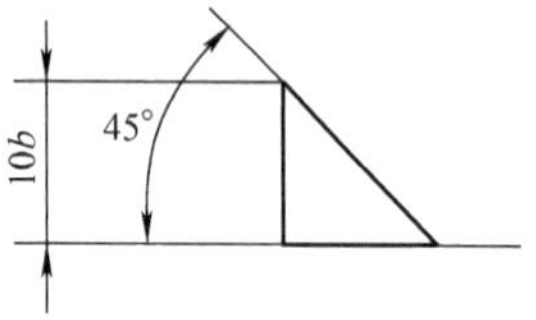 10b　45°	缝焊缝	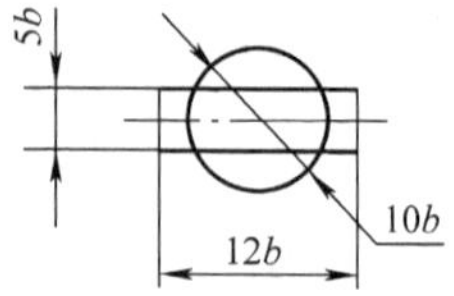 5b　10b　12b
定位焊缝	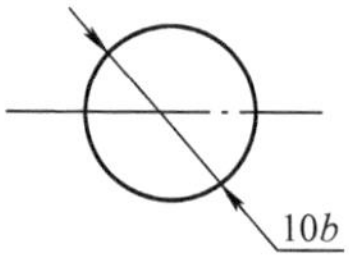 10b	塞焊缝	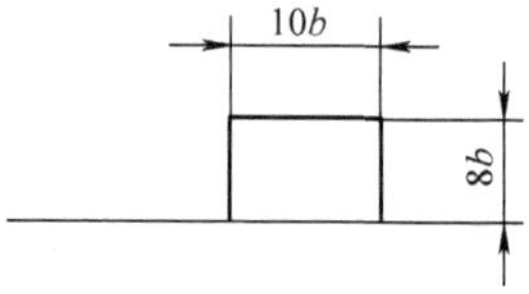 10b　8b
Ⅰ形焊缝	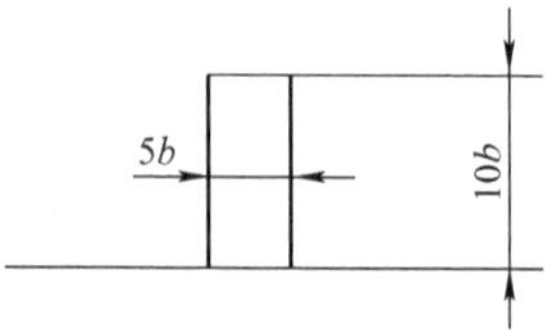 5b　10b	封底焊缝	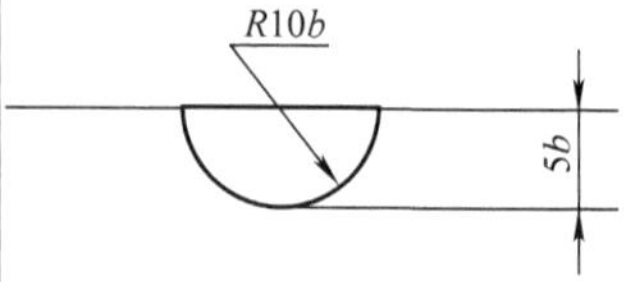 R10b　5b
单边V形焊缝	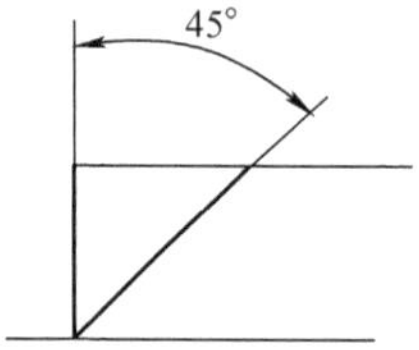 45°	喇叭形焊缝	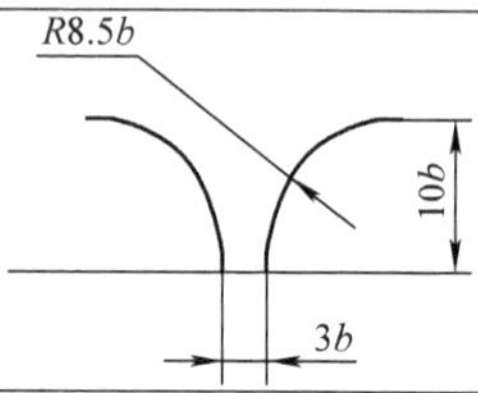 R8.5b　10b　3b
V形焊缝	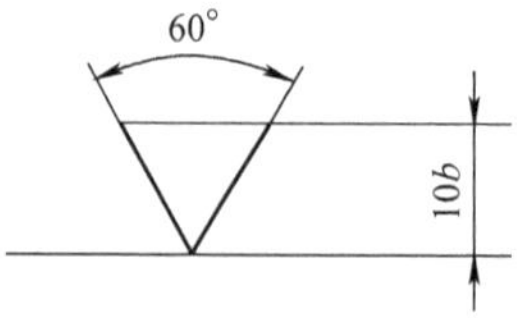 60°　10b	单边喇叭形焊缝	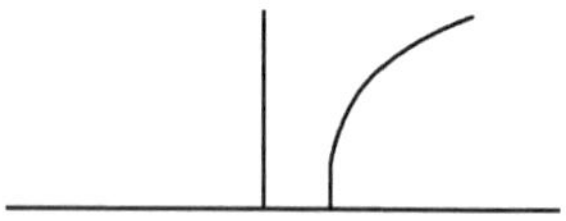
钝边V形焊缝	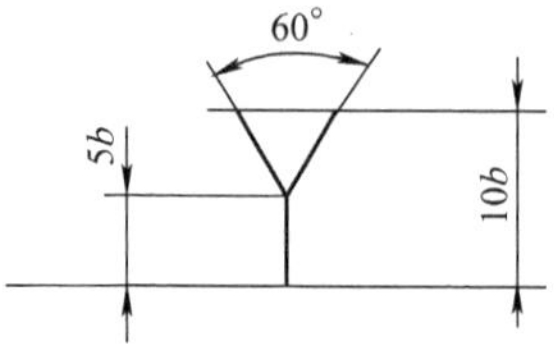 60°　5b　10b	—	—

注：1. 表中尺寸 b 为视图轮廓线的宽度，一般为 0.5mm，下同。

　　2. 辅助符号和补充符号的大小尺寸，可参照本表和 GB/T 12212—2012 执行。

　　3. 各种焊缝符号的画法及比例一般不随技术图样的绘图比例变化而变化。

6. 指引线

指引线采用细实线绘制，一般由带箭头的指引线（称为箭头线）和两条基准线组成（其中一条为实线，另一条为虚线，基准线一般与图样标题栏的长边平行），必要时可以加上尾部 90°夹角的两条细实线，以作其他说明，如焊接方法等，如图 1-30 所示。基准线的虚线可以画在基准线的实线下侧或上侧。

基准线一般应与图样的底边相平行，但在特殊情况下也可以与底边相垂直。

基本符号相对基准线的位置：

① 箭头指向焊缝的施焊面时——标在实线处；

② 箭头指向焊缝的施焊背面时——标在虚线处；

③ 对称焊缝——省略虚线—对称标在实线处。

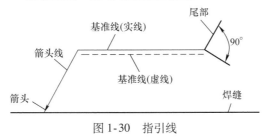

图 1-30　指引线

二、焊接方法代号

在焊接结构图上，为简化焊接方法的标注和说明，国家标准 GB/T 5185—2005 规定了用阿拉伯数字表示金属焊接及钎焊等各种方法的代号，见表 1-30。焊接方法代号的标注方法是将焊缝代号标注在尾部符号中。

表 1-30　常用焊接方法代号

焊接方法代号	焊接方法	焊接方法代号	焊接方法
1	电弧焊	141	TIG 焊：钨极惰性气体保护电弧焊（含钨极 Ar 弧焊）
111	焊条电弧焊		
114	自保护药芯焊丝电弧焊	15	等离子弧焊
12	埋弧焊	151	等离子 MIG 焊
121	单极埋弧焊	152	等离子粉末堆焊
122	带极埋弧焊	2	电阻焊
13	熔化极气体保护电弧焊	21	定位焊
131	MIG 焊：熔化极惰性气体保护电弧焊（含熔化极 Ar 弧焊）	22	缝焊
		23	凸焊
135	MAG 焊：熔化极非惰性气体保护电弧焊（含 CO_2 气体保护焊）	24	闪光焊
		25	电阻对焊
14	非熔化极气体保护电弧焊	3	气焊

(续)

焊接方法代号	焊接方法	焊接方法代号	焊接方法
311	氧乙炔焊	78	螺柱焊
4	压焊	782	电阻螺柱焊
42	摩擦焊	9	硬钎焊、软钎焊、钎焊
441	爆炸焊	91	硬钎焊
45	扩散焊	912	火焰硬钎焊
47	气压焊	915	盐浴硬钎焊
48	冷压焊	918	电阻硬钎焊
72	电渣焊	919	扩散硬钎焊
75	光辐射焊	924	真空硬钎焊

三、焊缝符号和焊接方法代号在图样上的标注

完整的焊缝表示方法除了上述基本符号、辅助符号、补充符号以外，还包括指引线、一些尺寸符号及数据。

1. 指引线的标注位置

带箭头的指引线相对焊缝的位置一般没有特殊要求，如图1-31a、b所示。但是在标注单边V形、单边Y形、J形焊缝时，箭头线应指向带有坡口一侧的工件，如图1-31c、d所示。必要时，允许箭头线弯折一次，如图1-32所示。

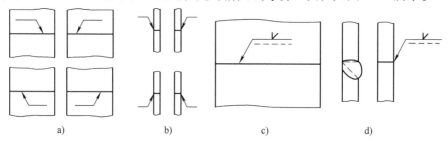

a)   b)   c)   d)

图1-31　箭头线的位置

2. 基本符号的标注位置

1）如果焊缝在箭头线所指的一侧（接头的箭头侧）时，则将基本符号标在基准线的实线侧，如图1-33a所示。

2）如果焊缝在箭头线所指的一侧的背面（接头的非箭头侧）时，则将基本

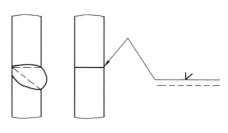

图1-32　弯折的箭头线

50

符号标在基准线的虚线侧，如图 1-33b 所示。

3）标注对称焊缝及双面焊缝时，可不加虚线，如图 1-33c、d 所示。

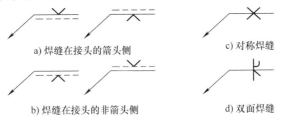

a) 焊缝在接头的箭头侧　　c) 对称焊缝

b) 焊缝在接头的非箭头侧　　d) 双面焊缝

图 1-33　基本符号相对基准线的位置

3. 辅助符号、补充符号的标注（见表 1-22、1-23）。

辅助符号的标注：平面、凹面和凸面符号标注在基本符号的上侧或下侧；补充符号的标注：垫板符号标注在基准线的下侧；三面焊缝符号标注在基本符号的左侧；周围焊缝符号、现场符号标注在指引线与基准线的交点处；尾部符号标注在基准线实线的末端。

4. 焊缝尺寸符号的标注（见图 1-34）

焊缝尺寸符号及数据的标注原则如下：

1）焊缝横截面上的尺寸，标在基本符号的左侧。

2）焊缝长度方向尺寸，标在基本符号的右侧。

3）坡口角度、坡口面角度、根部间隙等尺寸，标在基本符号的上侧或下侧。

4）相同焊缝数量符号标在尾部。

5）当需要标注的尺寸数据较多又不易分辨时，可在数据前面增加相应的尺寸符号。当箭头线方向变化时，上述原则不变。

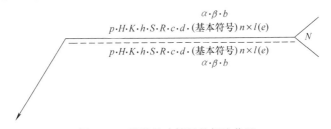

图 1-34　焊缝尺寸符号的标注位置

5. 焊接方法代号的标注位置

焊接方法代号标注在基准线实线末端的尾部符号中。

6. 焊接方法的标注

为了简化焊接方法的标注和文字说明，可采用国家标准 GB/T 5185—2005 规定的用阿拉伯数字表示的金属焊接及钎焊等各种焊接方法的代号。

1）焊缝横截面上的尺寸标注在基本符号的左侧，如钝边高度 p、坡口高度 H、焊脚尺寸 K、焊缝余高 h、焊缝有效厚度 S、根部半径 R、焊缝宽度 c，焊核直径 d。

2）在焊缝基本符号的右侧，标注焊缝长度方向的尺寸，如焊缝段数 n、焊缝长度 l、焊缝间隙 e。如果基本符号右侧无任何标注又无其他说明时，表明焊缝在整个工件长度方向上是连续的。

3）坡口角度 α、坡口面角度 β、根部间隙 b 等尺寸标注在焊缝基本符号的上侧或下侧。

4）相同焊缝数量符号标注在尾部。

7. 常见焊缝标注方法（见表1-31）。

表1-31　常见焊缝标注方法

名称	示意图	标注
对接焊缝		
断续角焊缝		
交错断续角焊缝		
点焊缝		
缝焊缝		
塞焊缝		

8. 常见的焊缝标注示例及意义（见表1-32）

表1-32 常见的焊缝标注示例及意义

焊缝形式	焊缝示意图	标注方法	焊缝符号意义
对接焊缝	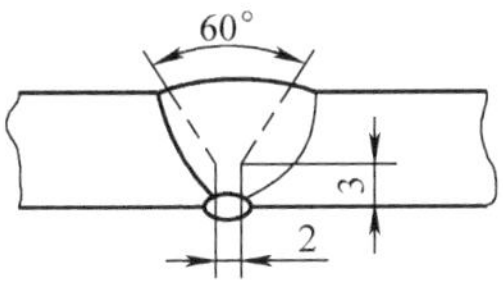	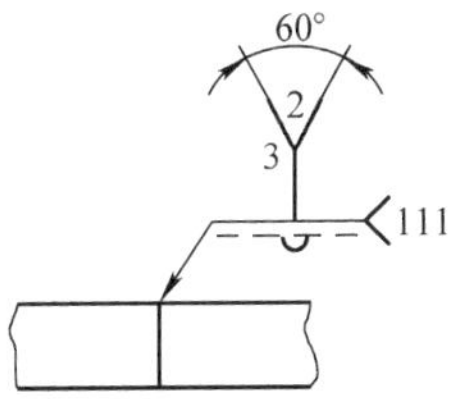	坡口角度为60°、根部间隙为2mm、钝边为3mm且封底的V形焊缝，焊接方法为焊条电弧焊
角焊缝	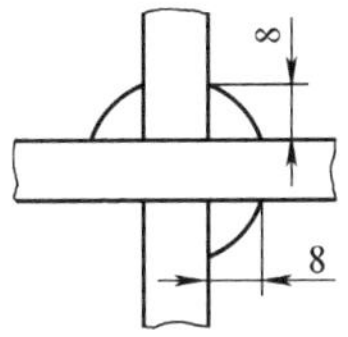	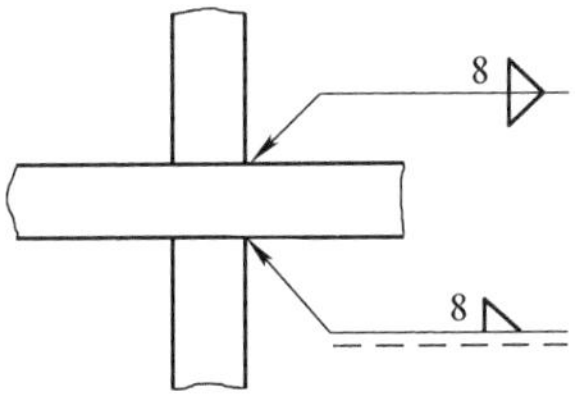	上面为焊脚为8mm的双面角焊缝，下面为焊脚为8mm的单面角焊缝
对接焊缝与角焊缝的组合焊缝	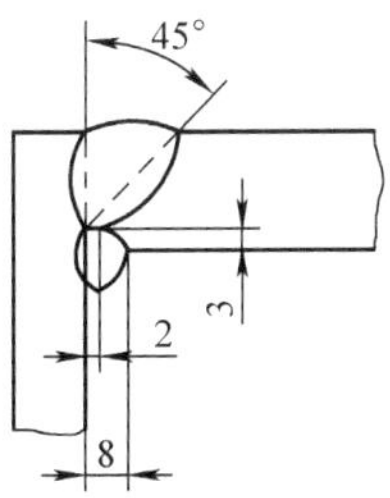	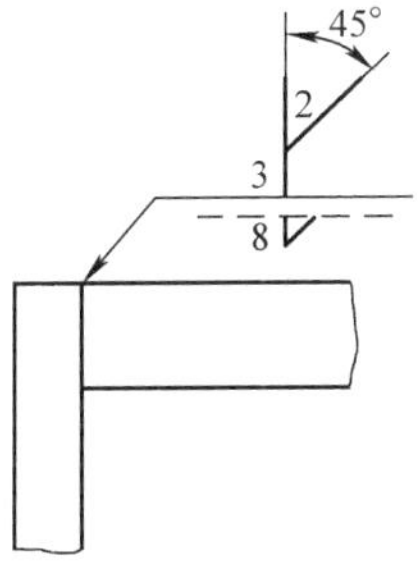	表示双面焊缝，上面为坡口角度为45°、钝边为3mm、根部间隙为2mm的单边V形对接焊缝，下面是焊脚为8mm的角焊缝
角焊缝	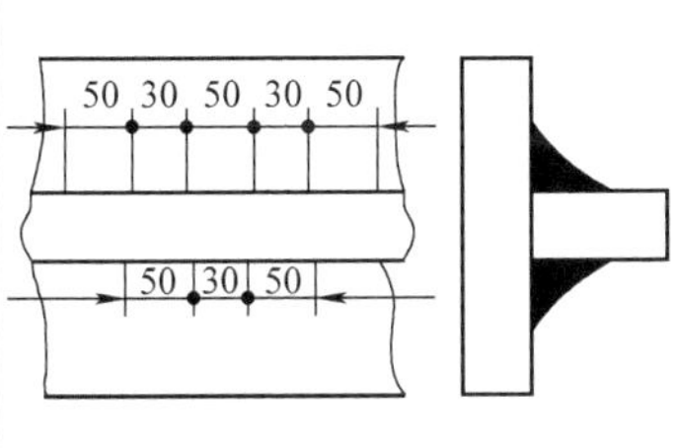	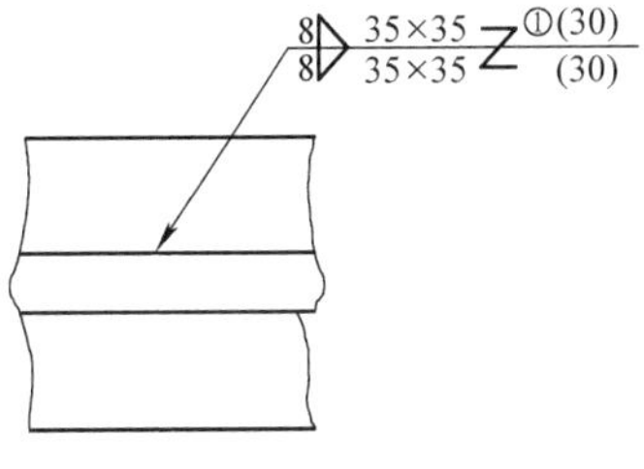	表示焊脚尺寸为8mm、每段长为35mm、间距为35mm的交错断续角焊缝

① 符号"Z"表示交错、断续的焊缝。

说明：产品图样中有许多接头，每个接头的形式也不尽相同，因此，必须在熟悉各种焊缝符号和示例的基础上，首先对图样中的接头加以区分，再对每一个接头的焊缝形式、焊缝符号的标注方法进行确定，这样才能读懂焊件图样。

9. 产品典型焊接标注示例（见表1-33）

表1-33 产品典型焊接标注示例

序号	焊接标注示例	说明
1		11 为无气体保护的电弧焊；焊缝截面形状为 I 形；焊缝填满，整个工件长度连续施焊，外表面凸起，内表面为圆面
2		111 为焊条电弧焊、角焊缝；沿工件圆周施焊，焊脚尺寸为 2mm
3		角焊缝，三面有焊缝，共 12 处；111 为焊条电弧焊，整个工件（接触）长度连续施焊 注：焊脚尺寸未做要求
4		上：角焊缝，焊脚尺寸为 2mm，共 2 处，沿工件接触长度连续施焊 下：角焊缝，焊脚尺寸为 2mm，共 2 处，沿工件长度连续施焊
5		上：焊缝截面形状为单边喇叭形，焊脚尺寸为 8mm，整个工件长度连续施焊 下：角焊缝，焊脚尺寸为 3mm，三面有焊缝，整个工件长度连续施焊
6		双面角焊缝，对称交错，焊脚尺寸为 5mm，焊缝段数为 35mm，焊缝长度为 50mm，焊缝间隔为 30mm

（续）

序号	焊接标注示例	说明
7		135 为熔化极非惰性气体保护电弧焊（MAG）。焊缝截面形状为单边喇叭形，焊缝对称，焊脚尺寸为 10mm，整个工件长度连续施焊，外表面为平面
8		焊缝截面形状为圆柱形塞焊，塞焊直径为 5mm，沿 ϕ_d 圆周均布 4 个
9		21 为电阻焊点焊，熔核中心在两工件的接触面上，熔核直径为 6mm，每排 12 个熔核，共 4 排（左右各两排），左右对称（沿汽车前进方向），熔核均布
10		点焊焊缝，熔核中心偏离两工件接触面位置（基本符号位置与偏离方向一致）。熔核直径为 5mm，共 8 点，点距、行距均为 35mm
11		角焊缝，焊脚尺寸为 2mm，沿工件圆周施焊。钎焊方法由工艺决定 注：基准线下方标注是钎料牌号
12		左：角焊缝，焊脚尺寸为 5mm，焊缝长 250mm，共 4 处 注：虚线基准线可以省略。 右：单边 V 形焊缝，两面对称，焊缝厚度为 5mm，焊缝长 250mm

第二章

焊条电弧焊操作技能训练

第一节 焊条电弧焊概述

一、焊接电弧

1. 焊接电弧的定义

焊接电弧就是指由焊接电源供给的，具有一定电压的两电极间或电极与母材间，在气体介质中产生的强烈而持久的放电现象。焊接电弧具有两个基本特征，即能放出强烈的（弧）光和大量的热量。

焊条电弧焊由焊接电源、焊接电缆、焊钳、焊条、焊件、电弧构成回路，如图 2-1 所示。焊接时焊条接触工件引燃电弧，然后提起焊条并保持一定的距离，在焊接电源提供合适电弧电压和焊接电流的情况下电弧稳定燃烧，产生高温，焊条端部和焊件局部被加热到熔化状态。焊条端部熔化的金属和被熔化的焊件金属熔合在一起，形成熔池。在焊接中，电弧随焊条不断向前移动，熔池也随着移动，熔池中的液态金属逐步冷却结晶后便形成了焊缝，两焊件被焊接在一起。

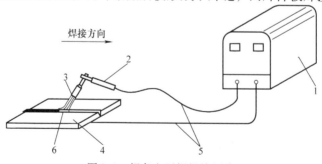

图 2-1 焊条电弧焊焊接回路
1—焊接电源 2—焊钳 3—焊条 4—焊件 5—焊接电缆 6—电弧

2. 焊接电弧产生的条件

在正常情况下，气体是不导电的。焊接时，为了使电弧引燃和持续燃烧就必须使两电极间的气体介质能够变成电的导体，必须满足气体电离和阴极发射电子这两个条件。

（1）气体电离　气体受到电场或热能的作用，就会使中性气体原子中的电子获得足够的能量，克服原子核对它的引力而成为自自电子，同时中性的原子或分子由于失去了带负电荷的电子而变成带正电荷的正离子。这种使中性的气体分子或原子释放电子形成正离子的过程叫作气体电离。

电弧焊时，使气体介质电离的方式主要有碰撞电离、热电离、光电离等。

1）碰撞电离。带电质点与中性原子相互碰撞而发生电离的过程，称为碰撞电离。产生碰撞电离的作用越强烈，则电弧燃烧越稳定。

2）热电离。气体粒子受热的作用而产生的电离称为热电离。温度越高，热电离作用越大。

3）光电离。中性粒子在光辐射的作用下产生的电离，称为光电离。

（2）阴极发射电子　阴极的金属表面连续地向外发射电子的现象，称为阴极电子发射。焊接时，根据阴极所吸收能量的不同，所产生的电子发射有热发射、场致电子发射和撞击电子发射等。

3. 焊接电弧的构造

焊接电弧按其构造可分为阴极区、阳极区和弧柱三部分，如图 2-2 所示。

（1）阴极区　电弧紧靠负电极的区域称为阴极区，阴极区很窄。在阴极区的阴极表面有一个明亮的斑点，称为阴极斑点，它是阴极电子发射的发源地，也是阴极区温度最高的地方。阴极温度的高低主要取决于阴极的电极材料。

（2）阳极区　电弧紧靠正电极的区域称为阳极区，阳极区较阴极区宽。在阳极区的阳极表面也有光亮的斑点，称为阳极斑点，它是电弧放电时，正电极表面上集中接收电子的微小

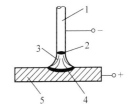

图 2-2　焊接电弧的构造

1—焊条　2—阴极区　3—弧柱区
4—阳极区　5—焊件

区域。阳极不发射电子，消耗能量少，因此，当阳极与阴极材料相同时，阳极区的温度要高于阴极区。

（3）弧柱区　电弧阴极区和阳极区之间的部分称为弧柱区。由于阴极区和阳极区都很窄，因此，弧柱的长度基本上等于电弧长度。弧柱的温度与弧柱气体介质和焊接电流大小等因素有关；焊接电流越大，弧柱中电离程度也越大，弧柱

温度也越高。

4. 焊接电弧的温度分布

焊接电弧的三个区域的温度分布是不均匀的，阳极区和阴极区温度主要决定于电极材料，阳极区温度高于阴极区的温度，但都低于该种电极材料的沸点，见表2-1。

表 2-1　阳极区和阴极区温度　　　　　　　　　　（单位：℃）

电极材料	材料沸点	阳极温度	阴极温度
碳	4 640	4 100	3 500
铁	3 271	2 600	2 400
钨	6 200	4 250	3 000

不同的焊接方法，其阳极区和阴极区温度的高低并不一致，见表2-2。

表 2-2　各种焊接方法的阴极和阳极温度比较

焊接方法	焊条电弧焊	钨极氩弧焊	熔化极氩弧焊	CO_2气体保护焊	埋弧焊
温度比较	阳极温度 > 阴极温度		阴极温度 > 阳极温度		

1）焊条电弧焊阳极温度比阴极温度高一些，是因为阴极发射电子需要消耗一部分能量。

2）钨极氩弧焊阳极温度比阴极温度高一些，是因为钨极发射电子能量强，在较低的温度下就能够满足发射电子的要求。

3）熔化极气体保护焊的焊接保护气体对阴极有较强的冷却作用，这样就要求阴极具有更高的温度和更大的电子发射能力。由于采用的电流密度较大，所以阴极温度比阳极温度高一些。

4）埋弧焊在使用含 CaF_2 焊剂时，由于氟等蒸气容易形成阴离子，因此要求阴极具有更强的电子发射能力。由于这些阴离子在阴极区与正离子中和时放出大量的热，同时使用的电流密度较大，所以阴极温度比阳极温度高一些。

以上分析是直流电弧的热量和温度分布情况，而交流电弧由于电源的极性是周期地改变的，所以两个电极区的温度趋于一致，近似于它们的平均值。

5. 焊接电弧的静特性

焊接电弧是焊接回路中的负载，起着把电能转变成热能的作用。在电极材料、气体介质和弧长一定的情况下，焊接电弧稳定燃烧时，焊接电流与电弧电压变化的关系，称为电弧静特性。如图 2-3 中的 U 形曲线是用来表示焊接电流和电弧电压关系的曲线，称为静特性曲线。从图 2-3 可以看到，曲线有三个不同的区域。

当电流较小时（ab 区），电弧静特性属于下降特性区。电流较小时，电弧电压较高；当电流逐渐增大时，电弧电压逐渐减小。当电流继续增加时（bc 区），电弧静特性属于水平特性区，在这个区域电压几乎不因电流的增加或减小而产生变化。当电流较大时（cd 区），电弧静特性属于上升特性区，电压会因电流的增大而增高。

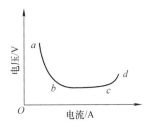

图 2-3　电弧静特性曲线

不同的焊接方法，在一定的情况下，其静特性只是曲线的某一个区域，见表 2-3。

表 2-3　不同焊接方法的电弧静特性对应区域

焊接方法	区域	说明
焊条电弧焊	（ab 区）下降特性区	由于焊接电流受到焊接设备额定电流的限制（不大于 500A）
埋弧焊	（bc 区）水平特性区	正常电流密度情况下焊接
	（cd 区）上升特性区	大电流密度情况下焊接
钨极氩弧焊	（ab 区）下降特性区	小电流情况下焊接
	（bc 区）水平特性区	大电流密度情况下焊接
细丝熔化极气体保护焊	（cd 区）上升特性区	电流密度较大

6. 焊接电弧的稳定性

焊接电弧的稳定性是指电弧保持稳定燃烧（不产生灭弧、漂移和磁偏吹等）的程度。电弧的稳定燃烧是保证焊接质量的重要因素之一，而影响焊接电弧稳定性主要有以下几种因素：

（1）焊工操作技能　较低的操作技能，容易导致电弧时长时短，从而影响焊接质量。

（2）弧焊电源的影响

1）弧焊电源的特性。弧焊电源的特性指焊接电源以何种形式向电弧供电。焊接电源的特性符合电弧燃烧的要求时，则焊接电弧燃烧稳定。反之，电弧燃烧不稳定性。

2）弧焊电源的种类。采用直流电源焊接比交流电源焊接的电弧稳定。

3）弧焊电源的空载电压。弧焊电源的空载电压越高，引弧越容易，电弧燃烧的稳定性越好，但空载电压过高时，对焊工人身安全不利，不宜采用。

（3）焊接电流　焊接电流越大，电弧的温度越高，电弧的电离程度和热发射作用越强，电弧燃烧越稳定。

（4）焊条药皮或焊剂的成分 当焊条药皮或焊剂添加适量利于电离的 K、Na、Ca 等元素后，能够提高电弧中气体的导电性，从而保证电弧的稳定燃烧。当焊条药皮或焊剂中含有不易电离的氯化物（KCl、NaCl）及氟化物（CaF$_2$）等，会破坏电弧燃烧的稳定性。

（5）焊接电弧偏吹 正常情况下焊接时，电弧的中心线总是沿着焊条轴线方向。当焊条变换倾斜角度时，电弧方向也跟着焊条轴线方向而改变，如图 2-4 所示。因此，可以利用电弧这一特性来控制焊缝成形。

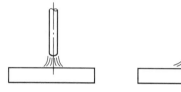

图 2-4 电弧方向与焊条轴线一致

焊接电弧偏吹指焊接过程中，因气流的干扰、焊条偏心的影响和磁场的作用，使电弧中心偏离焊条轴线的现象。电弧偏吹会引起电弧强烈的摆动，使得焊工控制电弧变得困难，最终导致焊缝成形不良，影响焊接质量。

（6）电弧长度 电弧较长时，电弧会发生剧烈摆动，导致电弧稳定性变差，同时焊接飞溅明显增多，因此应采用短弧焊接。

（7）其他因素 如焊接处存在油漆、油脂、水分、锈蚀等，也会导致电弧燃烧的稳定性变差。焊条受潮或焊条药皮脱落同样会造成电弧燃烧不稳定。

7. 焊接电弧的偏吹

（1）产生电弧偏吹的主要原因 一般归纳起来产生电弧偏吹有三个方面的原因。

1）焊条偏心度过大。焊条偏心度是指药皮沿焊芯直径方向的偏心程度，如图 2-5 所示。

当焊条偏心度过大，较厚侧的药皮比较薄侧的药皮熔化时需要吸收更多的热量。因此，较薄侧的药皮很快熔化而使电弧外露，迫使电弧向药皮较薄侧偏吹，如图 2-6 所示。

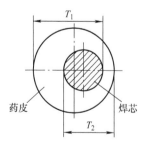

图 2-5 焊条偏心示意图

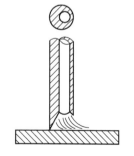

图 2-6 偏心度过大的焊条

焊接时，如遇到焊条偏吹这一情况，为确保焊接质量应更换偏心度符合标准的焊条。

2）电弧周围气流的影响。电弧周围气体的流动也会把电弧吹向一侧而造成偏吹。造成电弧周围气体剧烈流动的原因很多，主要是气流和热对流的影响。如在露天大风情况下施焊，电弧偏吹情况严重；在管子焊接时，由于空气在管子中的流速较大，形成所谓"穿堂风"使电弧发生偏吹；在开坡口的对接接头施焊第一层焊缝时，如果坡口根部间隙较大，在热对流的影响下电弧也容易发生偏吹。

3）焊接电弧的磁偏吹。直流电弧焊时，因受到焊接回路所产生的电磁力的作用而产生电弧飘移的现象，称为磁偏吹。造成磁偏吹的主要原因有以下几种：

① 接地线位置不正确引起磁偏吹。直流电源焊接时，当接地线的位置不适当，会造成电弧周围的磁场分布不均匀，从而引起电弧偏吹。如图2-7所示，焊接电流从"＋"极流向"－"极时，其路径必然通过焊件、电弧和焊条，当电流通过这三种导电体时，其路径周围会形成磁力线的分布。当电流由焊件拐弯到焊接电弧时，电弧左侧的磁力线较右侧的磁力线更密集，导致电弧左侧的电磁力大于右侧的电磁力，从而出现电弧向右侧偏吹，最终产生磁偏吹现象。

② 铁磁物质引起磁偏吹。由于铁磁物质（钢板、铁板）的导磁能力远远大于空气，当焊接电弧周围有铁磁物质存在时，在靠近铁磁体一侧的磁力线大部分都通过铁磁体形成封闭的曲线，使电弧同铁磁体之间的磁力线变得稀疏，而电弧另一侧磁力线变得密集，造成电弧两侧的磁力线分布不均匀，电弧向铁磁体一侧偏吹，如图2-8所示。

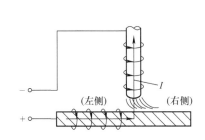

图2-7　接地线位置不正确引起磁偏吹

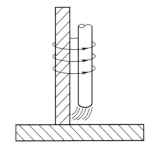

图2-8　铁磁物质对电弧磁偏吹的影响

③ 焊条和焊件的位置不对称引起磁偏吹。当焊条在焊件的两端头的区域焊接时，经常发生焊接电弧偏吹，而焊条在逐渐移动到焊件中部时，电弧偏吹现象就会逐渐减小或消失。这是由于在焊接焊件的两端头的区域时，焊条与焊件的位置不对称，造成焊接电弧周围的磁场分布不均匀，再加上热对流的作用，就产生

了焊接电弧偏吹，如图 2-9 所示。

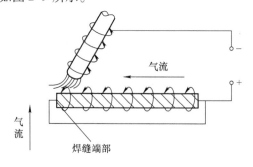

图 2-9　焊件端头发生电弧偏吹

（2）防止和减少电弧偏吹的方法

1）在条件允许的情况下尽量使用交流电源焊接。

2）调整焊条角度。把焊条偏吹的方向转向熔池，即将焊条向电弧偏吹方向倾斜一定角度，如图 2-10 所示。此方法在实际焊接中应用较广泛。

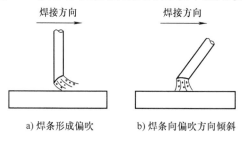

a) 焊条形成偏吹　　　b) 焊条向偏吹方向倾斜

图 2-10　焊件端头发生电弧偏吹调整焊条角度

3）采用短弧焊接。短弧焊接能降低气流对电弧的影响；当电弧产生磁偏吹时，短弧焊接也能降低磁偏吹对电弧的影响程度。所以短弧焊接是减少电弧偏吹的较好方法。

4）适当改变焊件上的接地线位置或在焊件两侧同时接地线，这样可减少地线位置不正确而引起的磁偏吹，如图 2-11 所示，图中的双点画线表示克服磁偏吹的接地线的方法。

5）在焊缝两端各加一小块附加钢板（引弧板和引出板），如图 2-12 所示。使电弧两侧的磁力线分布均匀并减少热对流对电弧的影响，以克服电弧偏吹。

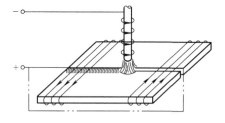

图 2-11　改变焊件接地线位置克服磁偏吹的方法

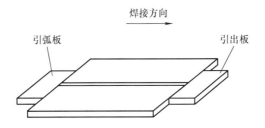

图 2-12　加装引弧板和引出板克服磁偏吹的方法

6）露天焊接时，如遇大风必须用挡板遮挡，对电弧进行保护。在焊接管子时，必须将管口堵住，防止气流对电弧的干扰。

7）采用小电流焊接。磁偏吹的大小与焊接电流有直接关系，焊接电流越大，磁偏吹越严重。所以，在不影响焊接质量情况下，应尽量减小焊接电流。

二、焊接参数

焊接参数是指在焊接时，为保证焊接质量而选定的诸物理量的总称。焊条电弧焊的焊接参数主要有焊条直径、焊接电流、电弧电压、焊接速度、焊接热输入（也称线能量）等。正确选择焊接参数对提高焊接质量和生产率有着十分重要的作用。

1. 焊条直径

选择焊条直径的大小与下列因素有关。

（1）焊件的厚度　焊条直径应根据焊件厚度来选择，焊接厚度较大的焊件时，为提高生产效率应选择较大直径的焊条；焊接较薄的焊件时，为防止焊缝出现烧穿现象应选择小直径的焊条。焊条直径与焊件厚度的关系见表 2-4。

表 2-4　焊条直径与焊件厚度的关系　　　　　　　（单位：mm）

焊件厚度	≤2	3	4 ~ 5	6 ~ 12	>13
焊条直径	1.6 ~ 2	2.5 ~ 3.2	3.2	3.2 ~ 4	3.2 ~ 5

（2）焊接位置　在板厚相同的情况下，焊接位置不同，使用焊条直径的大小是不同的，如平焊位置使用的焊条直径应比其他焊接位置大一些；为避免液态熔池的下淌，减少焊接缺陷，立焊位置焊条直径不超过 5mm，而横焊、仰焊条直径最大应不超过 4mm。

（3）焊接层次　多层焊时，第一层焊缝一般应采用 $\phi2.5 \sim \phi3.2$mm 的焊条。如采用的焊条直径过大，会造成焊接电弧过长，导致未焊透缺陷的产生。第一层焊缝完成后，其他各层应根据焊件厚度选用较大直径的焊条焊接。

2. 焊接电源种类和焊接极性及应用

（1）焊接电源种类　焊条电弧焊时采用的电源有交流和直流两大类。选用焊接电源的种类应根据焊条的性质进行选择。对于酸性焊条，采用交流和直流弧焊电源进行焊接均可。对于碱性低氢型焊条而言，由于其电弧稳定性较差，通常采用直流弧焊电源；当碱性低氢型焊条的药皮含较多稳弧剂时，也可以采用交流弧焊电源进行焊接。

（2）焊接极性　焊接电源有两个输出的电极，两个电极通过焊接电缆分别连接到焊钳和焊件上，焊接时就会形成一个完整的焊接回路。

直流弧焊电源的两个输出电极，一个为正极、一个为负极。当焊件接正极、焊钳接负极时，称为直流正接；当焊件接负极、焊钳接正极时，称为直流反接，如图 2-13 所示。

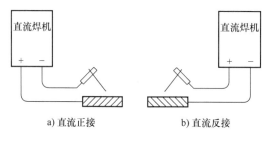

a) 直流正接　　　　　　　b) 直流反接

图 2-13　直流正接和直流反接

对于交流弧焊电源而言，由于电弧的极性是交变的，所以不存在正、负极之分。

（3）焊接极性应用　焊接电源极性的选择主要根据焊条的性质和焊件所需的热量来决定。根据焊条选择极性及目的见表 2-5。

表 2-5　焊条适用的极性及目的

焊条	焊条型号举例	适用焊接极性	目的
酸性焊条	E4303	交流	熔深介于正接与反接之间
		直流正接	可获得较大熔深，适用于厚板焊接
		直流反接	熔深较小，可防止焊穿，适用于薄板焊接
碱性焊条	E5015（低氢钾型）	直流反接	飞溅少，电弧稳定
碱性焊条	E5016（低氢钠型）	交流	与直流反接比较，飞溅较多，电弧较稳定
		直流反接	飞溅少，电弧稳定

3. 焊接电流

焊接电流就是焊接时流经焊接回路的电流。焊接电流的大小对焊接质量和生产效率有直接影响。焊接电流的大小对焊缝的影响见表 2-6。

表2-6 焊接电流的大小对焊缝的影响

焊接电流	产生的影响
增大	焊条熔化速度加快，提高生产效率
过大	易造成焊缝咬边、烧穿、焊瘤等缺陷，金属飞溅增加；使焊接接头的组织过热产生变化
过小	易造成焊缝产生夹渣、未焊透、熔合不良等缺陷；降低焊接接头的力学性能

合理的焊接电流大小应根据焊条直径、焊缝位置、焊条类型、焊接层（道）数等方面来进行选择。

（1）焊条直径　焊条直径越大，熔化焊条所需要的电弧热量越多，所以，必须增大焊接电流；反之，焊条直径越小，则应减小焊接电流。焊接电流与焊条直径的关系，可根据下列的经验公式来选择

$$I = Kd$$

式中　I——焊接电流为（A）；

K——经验系数；

d——焊条直径为（mm）。

焊条直径与经验系数的关系见表2-7。

表2-7 焊条直径与经验系数的关系

焊条直径（d/mm）	1.6	2.0	2.5	3.2	4.0	5.0
经验系数K	20~25	25~30		30~40	40~50	

（2）焊接位置　在焊条直径相同情况下，平焊位置焊接时，由于通过运条来控制熔池比较容易，可以选择较大的电流进行焊接。但焊接其他位置时，为避免熔池中的液态金属流出，应尽可能使熔池减小些。立焊、横焊的焊接电流比平焊的电流小10%~15%；仰焊的焊接电流比平焊小15%~20%。

（3）焊接层次　对于单面焊双面成形焊缝，在焊接打底层时，为确保背面焊缝的质量，常使用较小的焊接电流；焊接填充层时，为保证熔合良好，提高焊接效率，常使用较大的焊接电流；焊接盖面层时，为防止咬边和保证焊缝成形美观，使用的焊接电流比填充层要小一些。

4. 电弧电压

电弧电压是由电弧长度来决定的。电弧长则电弧电压高；电弧短则电弧电压低。焊接时，如电弧过长，会出现以下不良的影响：

1）焊接电弧不稳定，电弧热能分散，飞溅增多；同时，焊缝容易出现咬边、未焊透、焊缝成形不良等缺陷。

2）对熔池的保护效果变差，空气中的氧、氮等有害气体容易侵入到液态熔池中形成气孔缺陷，从而降低焊缝金属的力学性能。

为避免上述不良影响的出现，在焊接过程中应采用短弧焊接。短弧就是指焊接电弧长度是焊条直径的 0.5 ~ 1.0 倍。短弧焊接不仅能够减少气孔缺陷，而且在立焊、横焊、仰焊位置时，能够利于熔滴过渡，有效防止液态熔池金属的下淌，确保焊缝良好成形。

5. 焊接速度

焊接速度是指焊接时，单位时间内完成的焊缝长度。如果焊接速度过快，熔池温度不够，易造成未焊透、未熔合、焊缝成形不良等缺陷。如果焊接速度过慢，会使高温停留时间增长，热影响区宽度增加，焊接接头的晶粒变粗，力学性能降低，同时使变形量增大。

焊接速度直接影响焊接效率，所以在不影响焊缝质量的前提下，应采用较大的焊条直径和焊接电流，同时根据具体情况适当加快焊接速度，以确保在获得宽窄一致和高低一致焊缝的条件下，提高焊接生产效率。

6. 焊接层次

在焊接中厚板时，为确保焊缝达到有效厚度，需要在焊前开坡口，然后采用焊条电弧焊（或其他电弧焊）进行多层焊或多层多道焊，如图 2-14 所示。低碳钢或强度等级较低的普通低合金高强度钢，如需要用多层焊或多层多道方式来进行焊接时，每层（或每道）焊缝厚度应控制在 4 ~ 5mm。过厚时焊缝金属塑性降低，过薄时焊接层道数增加不利于生产效率的提高。

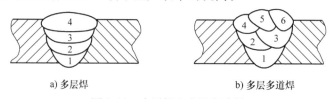

a) 多层焊   b) 多层多道焊

图 2-14　多层焊和多层多道焊

第二节　引弧和运条方法

一、电弧的引燃方法

焊条电弧焊时，引燃电弧的过程叫作引弧。引弧的方法有两种：一种为直击法；另一种为划擦法，如图 2-15 所示。

1. 直击法

焊条末端与焊件表面垂直，对准焊缝中心起弧处，手腕往下使焊条末端轻微碰一下焊件，接触形成短路后迅速地将焊条提起 2 ~ 4mm 的距离后，电弧即引燃。

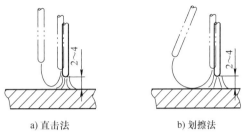

a) 直击法　　　b) 划擦法

图 2-15　引弧方法

直击法的优点是：不会造成焊件表面电弧擦伤缺陷。缺点是：焊条与焊件往往要碰击几次才能使电弧引燃和稳定燃烧，引弧成功率较低，操作不易掌握。

2. 划擦法

动作似划火柴，先将焊条末端对准引弧处，然后将手腕扭动一下，使焊条在引弧处轻微划擦一下，划擦的长度为20mm左右。划出电弧后，迅速将焊条垂直提起，使电弧长度保持在 2 ~ 4mm。

划擦法的优点是：电弧引燃容易，操作简单，引弧效率高，比较容易掌握。缺点是：操作不当易造成焊件表面电弧擦伤缺陷，在焊接重要产品时应少用。

对于初学者来讲，划擦法容易掌握，但操作不当容易损坏焊件表面，产生电弧擦伤缺陷。如果在狭窄的空间焊接或焊件表面不允许被电弧划伤时，就应该采用直击法引弧。

对于初学者来讲，直击法引弧时，直击力度的大小、焊条提升的高度和速度能否恰到好处地控制，是初学者需要通过反复练习手腕动作的灵活性和准确性，才能掌握的。

直击力度偏大容易发生焊条药皮大块脱落现象，直击力度过小又不易引燃电弧。焊条提升的高度偏低或提升速度较慢，易出现焊条与焊件粘在一起，造成焊接回路的短路现象；提升的高度过大和速度过快，易出现电弧引燃又熄灭或不能引燃电弧的状况。

在引弧时，如果发现焊条粘在焊件上，不要用力直拉，产生这种焊接回路短路现象时，首先要断电，然后将焊条左右扭摆几下，即可脱离焊件；若脱离不开，应立即将焊钳从焊条处取下，待焊条冷却后，再将焊条扳下。

酸性焊条引弧时，可以使用划擦法引弧或直击法引弧；碱性焊条引弧时，多采用划擦法引弧，这是由于直击法引弧容易在焊缝中产生气孔缺陷。

二、运条方法

1. 焊条电弧焊的三个基本动作

当电弧引燃后，为了保证焊接电弧的稳定和持续的燃烧及焊缝的表面成形，焊条要做三个基本方向的运动。这三个方向的运动是：焊条不断向焊缝熔池送进；焊条作横向摆动；沿着焊接方向逐渐移动，如图 2-16 所示。

（1）焊条不断向焊缝熔池送进　焊接时，随着焊条持续的燃烧和熔化，焊接电弧弧长将被拉长。为了确保电弧稳定的燃烧，保证焊缝质量，电弧的长度就必须控制在一定范围内。因此，焊工应根据焊条的熔化速度向焊缝熔池匀速的送进。

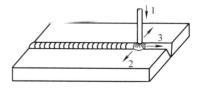

图 2-16　焊条三个基本方向的运动
1—焊条送进　2—焊条摆动
3—沿焊接方向移动

（2）焊条作横向摆动　焊条作横向摆动的目的是为了获得一定宽度的焊缝，保证焊缝表面成形，降低焊缝熔池凝固时间，利于气孔和夹渣的消除，提高焊缝质量。一般焊条作横向摆动的宽度应不超过焊条直径的 5 倍。横向摆动的幅度力求均匀，以获得宽度一致的焊缝，横向摆动的速度应根据熔池的熔化情况灵活掌握。

（3）沿着焊接方向逐渐移动　焊条移动速度过快，则电弧来不及熔化足够的焊条和母材，造成焊缝熔池浅而窄，容易导致焊缝产生未焊透或未熔合等缺陷。焊条移动速度过慢，焊缝余高增大，焊缝宽度增宽，容易导致焊缝出现烧穿和焊瘤等缺陷；同时，由于焊条移动速度过慢，促使金属加热温度过高，导致焊接接头晶粒粗大，从而降低了焊接接头的力学性能。

总之，沿着焊接方向逐渐移动的速度应是均匀和适当的。运条中的三个基本动作不能机械地分开，而是应该有规律地运动。运条中关键是分清熔渣和液态金属，控制熔池的形状与大小，才能焊出合格的焊缝尺寸。

2. 运条方法

焊工应根据不同的焊接接头形式、焊接位置、装配间隙、焊条规格及焊接电流大小等因素，合理地选择各种运条方法。下面介绍几种常用的运条方法及适用范围。

（1）直线形运条法　采用这种运条方法焊接时，保持一定的弧长，焊条末端不做横向摆动，只需沿焊接方向做直线移动，如图 2-17 所示。

图 2-17　直线形运条法

直线形运条法焊接时电弧较稳定，弧长易控制，能获得较大的熔深，但熔宽较小，一般不超过焊条直径的 1.5 倍，适用于板厚 3～5mm 的 I 形坡口对接平焊，多层焊的第一层焊道和多层多道焊的第一层焊道的焊接。

（2）直线往返形运条法　采用这种运条方法焊接时，焊条沿接缝的纵向做来往返线形小幅移动，如图 2-18 所示。

这种运条方法的特点是焊接速度快、焊缝窄、散热快，适用于薄板和装配间

图 2-18 直线往返形运条法

隙较大的多层焊第一层焊道的焊接。

（3）锯齿形运条法 采用这种运条方法焊接时，将焊条末端沿焊接方向做锯齿形连续摆动，如图 2-19 所示。焊条末端摆动到焊缝两侧时，应作稍停顿片刻，停顿时间应根据实际情况而定，防止焊缝出现咬边缺陷。焊条做横向摆动的目的是为了控制熔化金属的流动和获得必要的焊缝宽度，以获得较好的焊缝成形。

这种方法在实际生产中应用较广，适用于较厚钢板的平焊、立焊、仰焊位置的对接接头和立焊的 T 形接头的焊接。

图 2-19 锯齿形运条法

（4）月牙形运条法 月牙形运条法在生产中应用也比较广泛。采用这种运条方法焊接时，焊条末端沿焊接方向做月牙形的横向摆动，如图 2-20 所示。摆动的速度应根据焊缝位置、接头形式、焊缝宽度和焊接电流的大小来决定。焊条末端摆动到焊缝两侧时，应作稍停顿片刻，这样既能够使焊缝边缘有足够的熔深，又能防止咬边缺陷产生。月牙形运条方法保温时间较长，利于熔池中的气泡逸出，熔渣易浮到焊缝表面上来，焊缝质量较高，但焊缝余高略高。这种方法适用范围与锯齿形运条法基本相同。

图 2-20 月牙形运条法

（5）三角形运条法 采用这种运条方法焊接时，焊条末端做连续的三角形运动，并不断向前移动，根据适用范围不同可分斜三角形和正三角形两种，如图 2-21 所示。

a）斜三角形运条法　　　　　　　　b）正三角形运条法

图 2-21 三角形运条法

斜三角形运条法如图 2-21a 所示，适用于平焊、仰焊位置的 T 形接头焊缝和开坡口的对接横焊。其特点是能够通过摆动焊条末端的电弧来控制熔化金属的流动，使焊缝成形良好，减少焊缝内部的气孔和夹渣缺陷，提高焊缝内部质量。

正三角形运条法如图 2-21b 所示，适用于 T 形接头和开坡口的对接接头的立焊。其特点是一次能焊成较厚的焊缝截面，减少焊缝内部的气孔和夹渣缺陷，提高焊缝内部质量。

（6）圆圈形运条法　采用这种运条方法焊接时，焊条末端做连续的圆圈形运动，并不断向前移动。这种方法可分正圆圈形和斜圆圈形两种，如图 2-22 所示。

a) 正圆圈形运条法　　　　　　　　b) 斜圆圈形运条法

图 2-22　圆圈形运条法

正圆圈形运条法如图 2-22a 所示，特点是熔池金属温度高，保温时间长，使溶解在熔池中的氧、氮等气体有机会逸出，同时便于熔渣上浮。一般适用于较厚板材开坡口的对接平焊。

斜圆圈形运条法如图 2-22b 所示，能有利于控制熔化金属的温度，避免其下淌，有助于焊缝成形。适用于平、仰焊位置的 T 形接头和对接接头的横焊焊缝的焊接。

（7）八字形运条法　采用这种运条方法焊接时，焊条末端做连续的八字形运动，并不断向前移动，如图 2-23 所示。

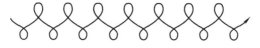

图 2-23　八字形运条法

八字形运条法适用于厚板平焊的盖面层焊接及表面堆焊。其特点是能保证焊缝边缘得到充分加热，使之熔化均匀，保证焊透，焊缝增宽，波纹美观。

以上介绍的几种运条方法仅是最基本的方法。在实际生产中，对于同一接头形式的焊缝，焊工们往往根据自己的操作习惯及经验选择不同的运条方法。

第三节　焊缝的起头、接头及收尾

一、焊缝的起头

焊缝的起头就是指刚开始焊接的部分。一般情况下这部分焊缝的余高略高些，这是由于焊件在未焊之前温度较低，而引弧后电弧产生的热能又不能迅速使这部分金属温度升高，所以起点部分的熔深较浅。为减少这种现象的产生，应该在引弧后先将电弧拉长约 8 ~12mm，对焊缝起点部位进行预热约 3 ~4s，然后迅速降低电弧长度进行正常的焊接。这种利用电弧对焊缝起头部位进行预热的操作方式适用于立焊、横焊、仰焊位置，对平焊位置不宜采用。

二、焊缝的接头

焊条电弧焊时，由于受焊条长度的限制，不可能一根焊条焊完一条焊缝。为保证整条焊缝的成形完整，必须使前后两段的焊缝能均匀地连接起来，这个连接的部位称为焊缝的接头。另外，在焊接产品的制造中为了防止和减小产品的焊接变形，有经验的焊工常采用最佳的焊接方向和焊接顺序来控制产品的焊接变形。这样也就出现了焊缝接头这一环节。一般焊缝的连接有 4 种形式。

1. 头尾相接

头尾相接是指后焊焊缝的起头与先焊焊缝的结尾相接，如图 2-24 所示。

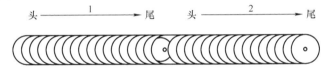

图 2-24 头尾相接的方法

这是使用最多的一种连接方式，连接的方法是要求先焊的焊缝（第一次焊接，以下同）在熄弧时弧坑应无裂纹，后焊的焊缝（第二次焊接，以下同）在离先焊焊缝的弧坑 5 ~10mm 处引弧后，将电弧迅速拉回至弧坑中，按照原弧坑的形状将焊条稍做横摆后再向焊接方向移动。

2. 头头相接

头头相接是指后焊焊缝的起头与先焊焊缝的起头相接，也就是由中间往外焊，如图 2-25 所示。

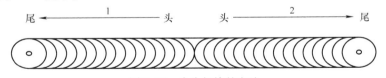

图 2-25 头头相接的方法

这种连接方法要求先焊焊缝的起始端应略为低些（可采用修磨方式实现），后焊的焊缝在起焊时必须在先焊焊缝始端的稍前处起弧，引弧后稍拉长电弧引回至前条焊缝的始端并重叠，待连接处焊平后再向焊接方向移动。

3. 尾尾相接

尾尾相接是指后焊焊缝的结尾与先焊焊缝的结尾相接（由外向中间焊），如

图 2-26 所示。

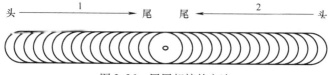

图 2-26　尾尾相接的方法

这种连接方法要求后焊的焊缝焊到先焊的焊缝收尾处时，焊速应放慢些，以填满先焊焊缝的弧坑，然后再以较快的速度向先焊焊缝焊接 10～15mm 的长度后熄弧。

4. 尾头相接

尾头相接是指后焊焊缝的结尾与先焊焊缝的起头处相接（分段退焊法），如图 2-27 所示。

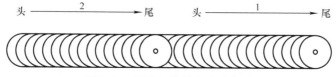

图 2-27　尾头相接的方法示意图

这种连接方法要求后焊的焊缝焊至靠近先焊焊缝始端时，由于头尾温差较大，应改变焊条角度，使电弧指向先焊焊缝的始端处，拉长电弧，待形成熔池后，再压低电弧往后移动（朝焊接反方向），最后返回原来熔池处收弧。

焊缝接头的好坏不仅影响焊缝的表面质量，同时与整个焊缝质量的关系很大。因此，接头的连接应做到均匀连接，避免产生接头处过高、脱节和宽窄不一致的缺陷，弧坑要填满，以获得良好的焊缝接头。

三、焊缝的收尾

当一条焊缝焊完时，应把收尾处的弧坑填满。如果收尾时立即熄弧，则会形成一个低于焊件表面的弧坑。过深的弧坑会降低焊缝收尾处的强度，并容易造成应力集中而产生弧坑裂纹。焊缝的收尾不仅是熄弧，同时还需要采用适当的操作方式来填满弧坑。常用的收尾方法有 3 种：

1. 画圈收尾法

焊条移至焊缝终点时，利用手腕的动作做圆周运动，并逐渐缩小熔池面积，直到填满弧坑再拉断电弧，如图 2-28 所示。此方法适用于厚板，且酸、碱性焊条都能采用这种方法收尾。

2. 反复灭弧收尾法

焊条移至焊缝终点时，在弧坑处做反复灭弧、引弧数次，使熔池逐渐缩小，

图 2-28 画圈收尾法

直至填满弧坑，如图 2-29 所示。此方法适用于薄
板、多层焊的打底层焊缝或大电流焊接，但不适宜
使用碱性低氢型焊条，因为反复灭弧容易产生
气孔。

3. 回焊收尾法

焊条移至收尾处即停止移动，同时将焊条朝相
反方向改变角度，如图 2-30 所示。即焊条由位置 1
移到位置 2，回焊一小段后，等填满弧坑后再转到
位置 3，缓慢拉断电弧。此方法适用于碱性低氢型
焊条的收尾。

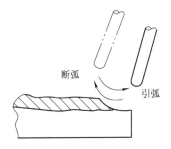

图 2-29 反复灭弧收尾法

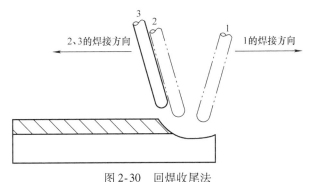

图 2-30 回焊收尾法

第四节 焊件的焊接训练

一、板厚 12mm 低碳钢 T 形接头平角焊的焊接

平角焊缝包括 T 形接头、角接接头和搭接接头，运用的焊接方法类似。T 形
接头是典型的角接形式，其平角焊焊接，是焊接产品中经常会遇到的接头形式，
是比较容易焊接的位置。

焊接时，如果焊条角度不当、焊接参数选择不当、层间清理不干净，也容易
产生咬边、夹渣、单边等焊接缺陷。

1. 焊前准备

（1）试件准备　试件材质：Q235A 钢。

试件尺寸：底板 300mm × 150mm × 12mm，1 件；立板 300mm × 100mm × 12mm，1 件；T 形接头试件装配如图 2-31 所示，坡口形式为 I 形，坡口采用刨床或铣床加工。

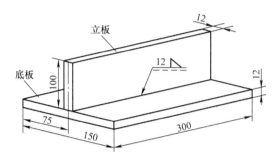

图 2-31　T 形接头试件装配

（2）焊条及焊接电源　焊条选用直径为 4mm，型号为 E4303 的酸性焊条。使用前需经过 75 ~ 150℃ 烘干，保温 2h。焊接电源采用 BX3 - 500 型交流弧焊机。

（3）辅助工具和量具　焊接试件时，需要使用的辅助工具和量具见表 2-8。

表 2-8　辅助工具和量具

辅助工具和量具	作用
用于试板组焊　用于管管组焊　试件组装工装	由等边角钢和槽钢组焊而成。槽钢朝上时，用于板板组焊或板管组焊；角钢朝上时，用于管管对接组焊
焊条保温桶	分固定式和便携式两种。通过电加热，将焊条保温在 120 ~ 180℃ 之间，主要用途是干燥焊条，防止焊缝产生气孔、裂纹等缺陷
打磨面罩	对焊接试件或焊缝打磨时，可有效防止打磨产生的杂物对眼睛和面部的伤害

（续）

辅助工具和量具	作用
防尘口罩	目的是防止或减少焊接过程中产生的粉尘进入人体呼吸器官从而避免职业病的发生
角向磨光机	分电动和风动两种，主要用于快速去除焊接试件的锈迹和飞溅及对焊缝打磨、整形等
直磨机	主要用于打磨坡口和焊缝接头，同时适用于去除焊缝缺陷
钢丝刷	主要用于去除焊接试件的锈迹和焊渣等
敲渣锤	有木柄和弹簧柄两种。焊接作业时，主要用于去除焊渣、飞溅等
扁铲	焊接过程中，用于去除焊渣、飞溅、焊接缺陷等
锤子	焊前用于调整焊板平整度。与扁铲配合使用，用于去除焊渣、飞溅、焊接缺陷等
护目镜	使用护目镜可有效避免焊渣和飞溅对眼睛的伤害

（续）

辅助工具和量具	作用
宽座直角尺	T形接头试件装配时，用于检查底板与立板的垂直度
钢直尺	一般使用300mm钢直尺，主要用于对接试板的反变形量的测量
焊缝检测尺	焊前可测量焊件的坡口角度、间隙尺寸、对接组焊缝X形坡口角度等 焊后可测量焊缝的余高（对接）、角焊缝高度、焊缝宽度、坡口错位、咬边深度等
放大镜	凭肉眼目视检查焊缝时，必要时用5～20倍的放大镜，看焊缝是否存在咬边、弧坑、焊瘤、夹渣、裂纹、气孔、未焊透等缺陷

（4）焊接参数　T形接头平角焊的焊接参数见表2-9。

表2-9　T形接头平角焊的焊接参数

示意图	焊层	道数	焊接电流/A
	打底层	1	180～210
	盖面层	2	180～200
		3	160～180

2. 操作步骤

T形接头平角焊的焊接操作步骤见表2-10。

表2-10　T形接头平角焊的焊接操作步骤

图示	步骤及要求
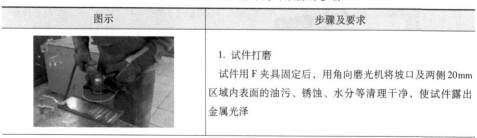	1. 试件打磨 试件用F夹具固定后，用角向磨光机将坡口及两侧20mm区域内表面的油污、锈蚀、水分等清理干净，使试件露出金属光泽

（续）

图示	步骤及要求
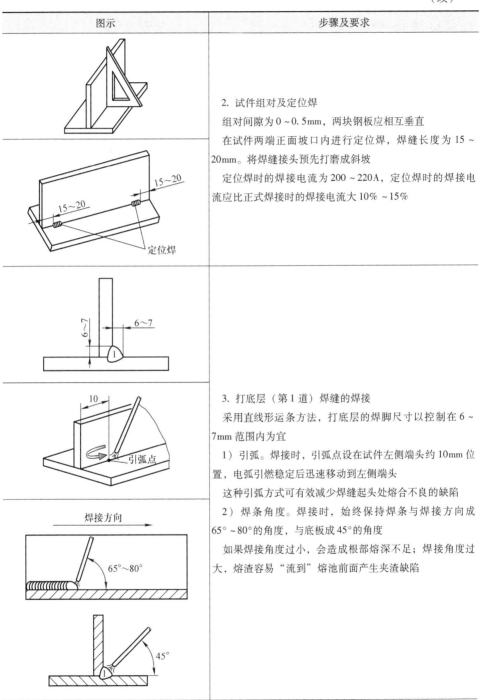	2. 试件组对及定位焊 组对间隙为 0 ~ 0.5mm，两块钢板应相互垂直 在试件两端正面坡口内进行定位焊，焊缝长度为 15 ~ 20mm。将焊缝接头预先打磨成斜坡 定位焊时的焊接电流为 200 ~ 220A，定位焊时的焊接电流应比正式焊接时的焊接电流大 10% ~ 15% 3. 打底层（第 1 道）焊缝的焊接 采用直线形运条方法，打底层的焊脚尺寸以控制在 6 ~ 7mm 范围内为宜 1）引弧。焊接时，引弧点设在试件左侧端头约 10mm 位置，电弧引燃稳定后迅速移动到左侧端头 这种引弧方式可有效减少焊缝起头处熔合不良的缺陷 2）焊条角度。焊接时，始终保持焊条与焊接方向成 65° ~ 80° 的角度，与底板成 45° 的角度 如果焊接角度过小，会造成根部熔深不足；焊接角度过大，熔渣容易"流到"熔池前面产生夹渣缺陷

77

（续）

图示	步骤及要求
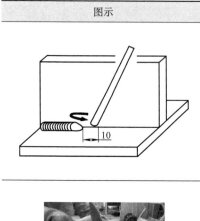	3）焊缝的接头采用短弧操作 　采用直线运条方法，收弧时填满弧坑 　焊缝接头时，在弧坑前10mm处引弧，电弧稳定燃烧时，焊条迅速移动到弧坑处，沿弧坑形状将弧坑填满，再正常焊接 　4）去除焊渣、飞溅。可选择敲渣锤或锤子与扁铲配合使用去除焊缝表面的焊渣和焊缝附近区域的飞溅。然后，再用钢丝刷把打底层焊缝及附近的杂物彻底清理干净
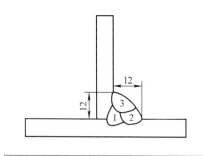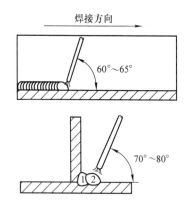	4. 盖面层（第2、3道）焊缝的焊接 　盖面层的焊脚尺寸控制在12～14mm范围内 　1）第2道焊缝的焊接。采用直线往返形或斜圆圈形运条方法 　焊条与焊接方向保持60°～65°的角度，与底板成70°～80°的角度。以均匀的焊接速度运条，使焊缝形成较高的"河堤"，为第3道焊缝的焊接及整体的焊缝成形美观打下良好基础 　在焊接过程中，电弧应对着第1道焊缝的下沿（即第1道焊缝在底板的焊址处）运条，且应覆盖第1道焊缝2/3，焊缝与底板熔合良好，边缘整齐

（续）

图示	步骤及要求
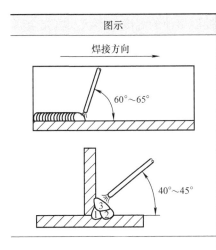	2）第3道焊缝的焊接。采用斜圆圈形运条方法 焊条与焊接方向保持65°～80°的角度，与底板成40°～45°的角度，以均匀的焊接速度运条 焊接时，电弧应对着第1道焊缝的上沿（即第1道焊缝在立板的焊址处）运条，且应覆盖第2道焊缝的峰值线，焊缝与立板熔合良好，边缘整齐
	5. 焊缝清理 焊缝完成后，去除焊渣，用钢丝刷对焊缝及附近的焊接"灰尘"清理干净 使用锤子与扁铲配合使用去除焊缝附近区域的飞溅。之后，再用钢丝刷把焊缝及附近的杂物彻底清理干净 对于考试试件，不允许对各种焊接缺陷进行修补，焊缝应处于原始状态

二、板厚12mm钢板对接平焊单面焊双面成形

1. 单面焊双面成形的焊接操作特点

单面焊双面成形技术常用于重要焊接结构的制造，是一种难度较高的焊接技术，是技术全面的焊工应具有的焊接操作技能之一。常通过焊条电弧焊、熔化极非惰性气体保护电弧焊、钨极惰性气体保护电弧焊等焊接方法来实现。

电弧焊时，在不借助任何焊接衬垫的情况下，坡口正面经过有规律和有节奏的焊接后，焊件坡口的正面和反面都能得到均匀整齐、自然且成形良好并满足质量要求的焊缝，这种特殊的焊接操作方式叫作单面焊双面成形。

单面焊双面成形技术用于焊条电弧焊时，其操作方式主要有连弧法和灭弧法两种。

（1）连弧法及其特点 连弧法是在焊接过程中电弧持续燃烧，焊条通过有规律的摆动，使熔滴均匀地过渡到熔池中，达到良好的背面焊缝成形的方法。

焊接时，电弧燃烧不间断，生产效率高，焊接熔池保护好，产生缺陷少，但它对装配质量要求高，参数选择要求严，故其操作难度较大，易产生烧穿和未焊透等缺陷。

（2）灭弧法及其特点　灭弧法就是焊条通过在坡口左侧和右侧的交错摆动，依靠控制电弧燃烧的时间和电弧熄灭的时间来控制熔池的温度、形状及填充金属的厚度，以获得良好的背面焊缝成形的方法。

灭弧法对焊件的装配质量及焊接参数的要求较低，易掌握，但生产效率低。若焊工掌握得不够熟练易出现气孔、夹渣、冷缩孔、焊瘤等缺陷。

2. 焊前准备

1）试件材质：Q235 钢板或 Q345 钢板。

2）试件尺寸及数量：300mm×125mm×12mm，2 件，坡口面角度为 60°。

3）试件装配及相关尺寸如图 2-32 所示。

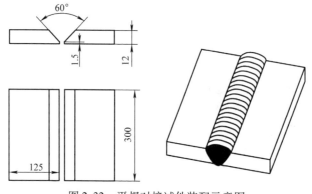

图 2-32　平焊对接试件装配示意图

4）焊接材料：E4303 焊条或 E5015 焊条；焊条直径为 φ3.2mm 和 φ4mm 两种。焊接 Q235 钢板时，选用 E4303 酸性焊条，焊前应经 75～150℃烘干，保温 2h。焊接 Q345 钢板时，选用 E5015 碱性焊条，焊前应经 350～400℃烘干，并保温 1～2h，烘干后的碱性焊条应存放在 100～150℃的保温箱或保温筒内随用随取。

5）焊接设备：BX3—300 型交流弧焊机或 ZX5—400 型直流弧焊机。

6）焊接电流种类。交流或直流反接法。

7）焊接参数。对接平焊的焊接参数见表 2-11。

表 2-11　对接平焊的焊接参数及运条方法

图示	焊接层次	焊条直径/mm	焊接电流/A	运条方法
第3层 第1层 第4层 第2层	第1层（打底层）	3.2	95～110	一点击穿法两点击穿法
	第2层（填充层）	4	175～200	
	第3层（填充层）	4	175～190	锯齿形月牙形
	第4层（盖面层）	4	160～170	

8）辅助工具和量具。焊接试件时，需要使用的辅助工具和量具见表2-8。

3. 操作步骤

对接平焊的焊接操作步骤见表2-12。

表2-12　对接平焊的焊接操作步骤

图示	步骤及要求
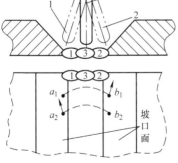	1. 试板打磨 试板用夹具固定后，用角向磨光机将坡口及两侧20mm区域内表面的油污、锈蚀、水分等清理干净，使试件露出金属光泽
	2. 试件组对及定位焊 （1）坡口内定位焊　使用ϕ3.2mm焊条对试件两端各20mm的正面坡口内进行定位焊，长度为15～20mm （2）装配间隙　始端3.5mm，终端为4.5mm，焊缝长度为12～15mm
	（3）定位焊 1）焊接电流。定位焊时的焊接电流为90～105A 2）搭桥。由于焊缝冷却产生收缩，先焊的定位焊预留间隙应比实际间隙大1～2mm左右。这样才能得到需要的根部间隙 采用灭弧法在一侧坡口内引弧并堆焊，再在另一侧堆焊。两侧堆焊约有1～2mm间距时，电弧轻微左右摆动使两侧顺利连接 3）完成定位焊。两块试件完成"搭桥"连接后，再采用月牙形灭弧法，即a_1点引弧→b_1点，向前快速灭弧；再由b_2点引弧→a_2点，向前快速灭弧。如此交错施焊约5～8次

81

(续)

图示	步骤及要求
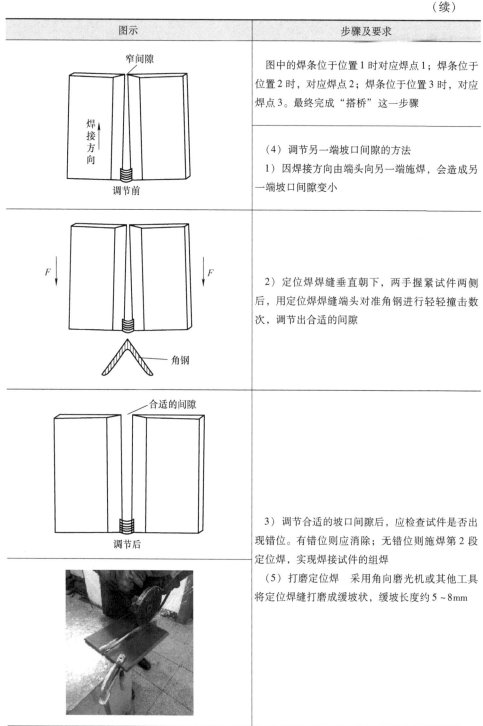	图中的焊条位于位置1时对应焊点1；焊条位于位置2时，对应焊点2；焊条位于位置3时，对应焊点3。最终完成"搭桥"这一步骤
	（4）调节另一端坡口间隙的方法 1）因焊接方向由端头向另一端施焊，会造成另一端坡口间隙变小
	2）定位焊焊缝垂直朝下，两手握紧试件两侧后，用定位焊焊缝端头对准角钢进行轻轻撞击数次，调节出合适的间隙
	3）调节合适的坡口间隙后，应检查试件是否出现错位。有错位则应消除；无错位则施焊第2段定位焊，实现焊接试件的组焊 （5）打磨定位焊　采用角向磨光机或其他工具将定位焊缝打磨成缓坡状，缓坡长度约5~8mm

（续）

图示	步骤及要求
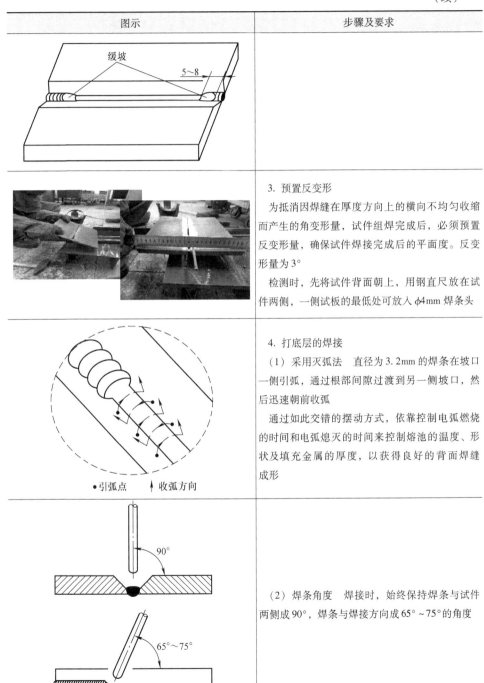	
	3. 预置反变形 为抵消因焊缝在厚度方向上的横向不均匀收缩而产生的角变形量，试件组焊完成后，必须预置反变形量，确保试件焊接完成后的平面度。反变形量为3° 检测时，先将试件背面朝上，用钢直尺放在试件两侧，一侧试板的最低处可放入 $\phi4mm$ 焊条头
	4. 打底层的焊接 （1）采用灭弧法 直径为3.2mm的焊条在坡口一侧引弧，通过根部间隙过渡到另一侧坡口，然后迅速朝前收弧 通过如此交错的摆动方式，依靠控制电弧燃烧的时间和电弧熄灭的时间来控制熔池的温度、形状及填充金属的厚度，以获得良好的背面焊缝成形
	（2）焊条角度 焊接时，始终保持焊条与试件两侧成90°，焊条与焊接方向成65°～75°的角度

（续）

图示	步骤及要求
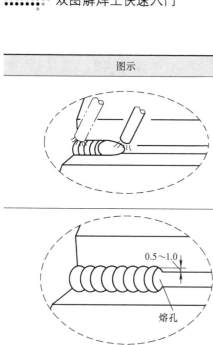	（3）引弧　在定位焊处引弧，然后沿直线运条至定位焊缝与坡口根部相接处，以稍长电弧（弧长约为3.5mm）在该处左右侧摆动2~3个来回，进行预热；同时，迅速压低电弧（弧长约2mm），听到"噗噗"的电弧穿透响声，同时还看到坡口两侧、定位焊缝及坡口根部金属开始熔化，熔池前沿有熔孔形成，说明引弧结束可以进行灭弧焊接
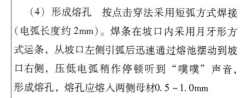	（4）形成熔孔　按点击穿法采用短弧方式焊接（电弧长度约2mm）。焊条在坡口内采用月牙形方式运条，从坡口左侧引弧后迅速通过熔池摆动到坡口右侧，压低电弧稍作停顿听到"噗噗"声音，形成熔孔，熔孔应熔入两侧母材0.5~1.0mm
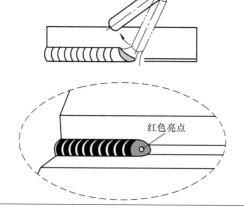	（5）灭弧与再引弧的时机　形成熔孔后，焊条应朝前端（即起始端）提起，熄灭电弧。这样，能够有效降低熔池温度，达到控制背面焊缝成形，避免焊瘤缺陷和烧穿现象的产生 灭弧时，动作应迅速、干脆，切忌"拖泥带水" 灭弧后，熔池的红色亮点快速缩小。此时焊条迅速、准确的"回撤"到灭弧坡口侧，待熔池的红色亮点缩小到约焊条直径大小时，迅速再引弧。形成新熔池后，焊条摆动到坡口的另一侧，新熔孔形成立即灭弧
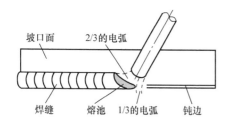	（6）电弧在熔池的位置　焊接电流、电弧燃烧时间及焊条角度一定时，电弧在熔池的位置决定了焊件背面能否焊透 如果大于1/2的电弧在焊件背面燃烧，则背面焊缝余高较厚；如果电弧未在焊件背面燃烧（即电弧完全对着熔池燃烧），则背面焊缝余高趋于0值，甚至产生未焊透缺陷 焊接打底层时，2/3的电弧对着熔池燃烧，1/3的电弧在焊件背面燃烧，背面余高可控制在2mm左右

（续）

图示	步骤及要求
 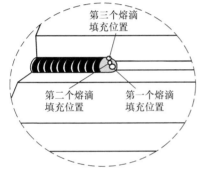	（7）焊条更换前的准备 焊条更换前，若操作不当，打底层焊缝正面或背面易产生冷缩孔 当焊条剩下 50～60mm 长时，需要做更换焊条的准备。收弧时，应压低电弧；为避免冷缩孔产生，应对熔池末端补充 2～3 个熔滴 熔滴应由熔池中心向熔池边缘补充。完成前一个熔滴的补充后迅速灭弧，停弧 0.5～1s 再补充后一个熔滴
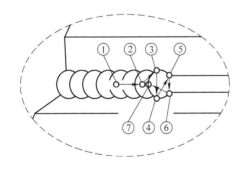	（8）接头 采用热接法。接头时快速更换好焊条，立即在距熔池 10～15mm 的位置引弧（①的位置）。电弧移动到收弧熔池边缘时（②的位置），略提起焊条，以长弧方式作左右摆动（③、④、⑤、⑥的位置），之后电弧迅速移动到⑦的位置并向下压，听到"噗噗"的击穿声后，迅速灭弧 完成①～⑦的接头操作步骤后，转入到正常的灭弧法操作方式
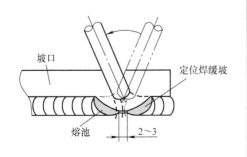	（9）收尾 收尾操作不当易出现打底层焊缝与定位焊焊缝接头不良现象 待打底层焊缝距离后端定位焊焊缝 2～3mm 时，焊条迅速前倾一定角度，使电弧朝向定位焊焊缝，同时迅速压低电弧，约 1s 后迅速灭弧，待熔池温度降低后再采用反复填充法完成打底层的收尾 （10）清理焊渣、飞溅 完成打底层焊缝后，应仔细清理坡口内的焊渣和飞溅，为填充层焊缝的焊接做好充足准备

（续）

图示	步骤及要求
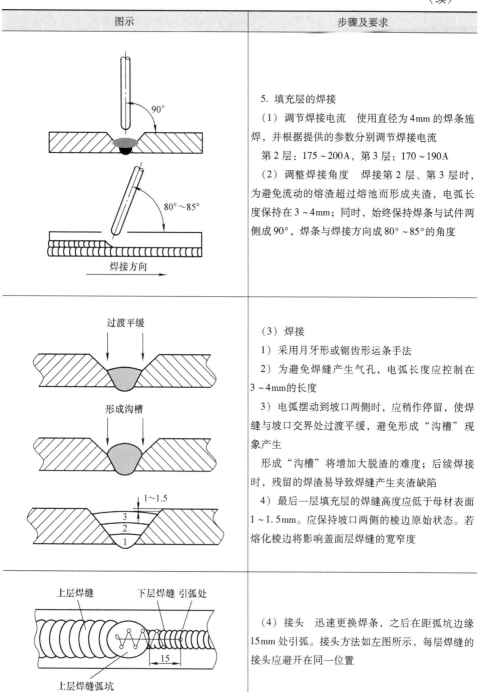	5. 填充层的焊接 （1）调节焊接电流　使用直径为4mm的焊条施焊，并根据提供的参数分别调节焊接电流 第2层：175~200A，第3层：170~190A （2）调整焊接角度　焊接第2层、第3层时，为避免流动的熔渣超过熔池而形成夹渣，电弧长度保持在3~4mm；同时，始终保持焊条与试件两侧成90°，焊条与焊接方向成80°~85°的角度
	（3）焊接 1）采用月牙形或锯齿形运条手法 2）为避免焊缝产生气孔，电弧长度应控制在3~4mm的长度 3）电弧摆动到坡口两侧时，应稍作停留，使焊缝与坡口交界处过渡平缓，避免形成"沟槽"现象产生 形成"沟槽"将增加大脱渣的难度；后续焊接时，残留的焊渣易导致焊缝产生夹渣缺陷 4）最后一层填充层的焊缝高度应低于母材表面1~1.5mm。应保持坡口两侧的棱边原始状态。若熔化棱边将影响盖面层焊缝的宽窄度
	（4）接头　迅速更换焊条，之后在距弧坑边缘15mm处引弧。接头方法如左图所示，每层焊缝的接头应避开在同一位置

（续）

图示	步骤及要求
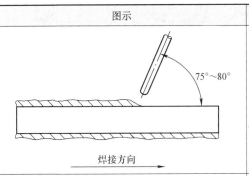	6. 盖面层 （1）焊接角度及运条方法　焊接盖面层时，电弧长度控制在 3～4mm；同时，焊条与试件两侧成 90°，与焊接方向成 75°～80°的角度
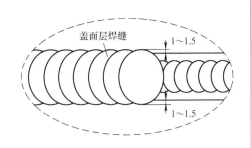	（2）运条方法及焊接电流　焊条横向摆动时，可采用锯齿形或月牙形运条方法 运条时应控制焊条的摆动宽度，以熔池的外缘超出两侧坡口棱边 1～1.5mm 为宜；为避免焊趾处产生咬边，电弧在坡口棱边稍作停留，待液态金属盖满棱边后再运条到另一侧坡口棱边 由于此时的焊件温度较高，熔池流动性增强，为有效控制焊缝成形，此时采用的焊接电流应适当减小，焊接电流为 160～170A
 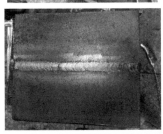	7. 焊缝清理　焊缝完成后，去除焊渣，用钢丝刷对焊缝及附近的焊接"烟尘"清理干净 使用锤子与扁铲配合使用去除焊缝附近区域的飞溅。之后，再用钢丝刷把焊缝及附近的杂物彻底清理干净 考试试件，不允许对各种焊接缺陷进行修补，焊缝应处于原始状态

三、ϕ60mm 低碳钢管水平转动对接焊

1. 钢管的水平转动焊的焊接特点

钢管的对接焊根据固定位置不同可分为：水平转动、水平固定、垂直固定、45°固定等几种形式，如图 2-33 所示。大部分管子的焊接只能单面焊，故多采用单面焊双面成形焊法。根据管子壁厚不同，可以开 V 形或 U 形坡口以保证焊透。

钢管的水平转动焊接有两种方式：一种是焊工头戴头盔面罩，一只手握焊钳，另一只手转动钢管；另一种是钢管放在滚轮架上，通过摩擦力带动钢管的转动。两种转动钢管的转速就是焊接速度。

钢管水平转动的焊接特点：操作简便，在生产中是最为普遍的一种焊接位置，焊接质量容易得到保证。由于钢管管壁较薄，焊接时处于转动，如果操作不当容易产生焊

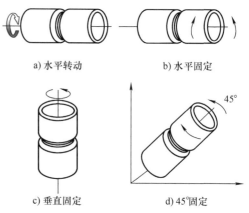

a) 水平转动　　　　b) 水平固定

c) 垂直固定　　　　d) 45°固定

图 2-33　T 形接头试件装配示意图

穿和未焊透等缺陷。钢管水平转动焊接时，焊接位置可在平焊或爬坡焊位置焊接，如图 2-34 所示。由于手工转动钢管速度不均匀，焊接操作有一定难度。

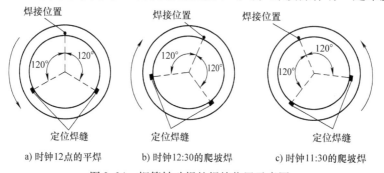

a) 时钟12点的平焊　　　b) 时钟12:30的爬坡焊　　　c) 时钟11:30的爬坡焊

图 2-34　钢管转动焊的焊接位置示意图

2. 焊前准备

1）试件材质：20 钢管。

2）试件尺寸：$\phi 60mm \times 4mm$；$L = 100mm$，数量 2 件，如图 2-35 所示。

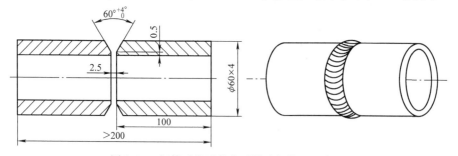

图 2-35　钢管对接试件水平转动焊装配示意图

3）焊接材料：选用 E4303 酸性焊条，焊条直径为 $\phi2.5mm$。焊前应经 75 ~ 150℃烘干，保温 2h。

4）焊接设备：BX3—300 型交流弧焊变压器。

5）焊接参数。钢管对接试件水平转动焊的焊接参数见表 2-13。

6）辅助工具和量具。焊接试件时，需要使用的辅助工具和量具见表 2-8。

表 2-13　钢管对接试件水平转动焊的焊接参数

图示	焊接层次	焊接电流/A	备注
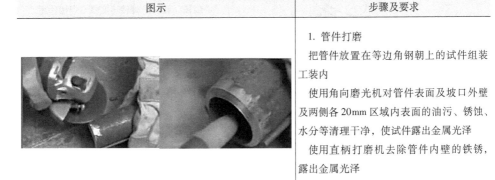	第 1 层（打底层）	65 ~ 75	打底层焊时，起焊点与两个定位焊各距 120°
	第 2 层（盖面层）	80 ~ 95	

3. 操作步骤

钢管对接试件水平转动焊的操作步骤见表 2-14。

表 2-14　钢管对接试件水平转动焊的操作步骤

图示	步骤及要求
	1. 管件打磨 把管件放置在等边角钢朝上的试件组装工装内 使用角向磨光机对管件表面及坡口外壁及两侧各 20mm 区域内表面的油污、锈蚀、水分等清理干净，使试件露出金属光泽 使用直柄打磨机去除管件内壁的铁锈，露出金属光泽

（续）

图示	步骤及要求
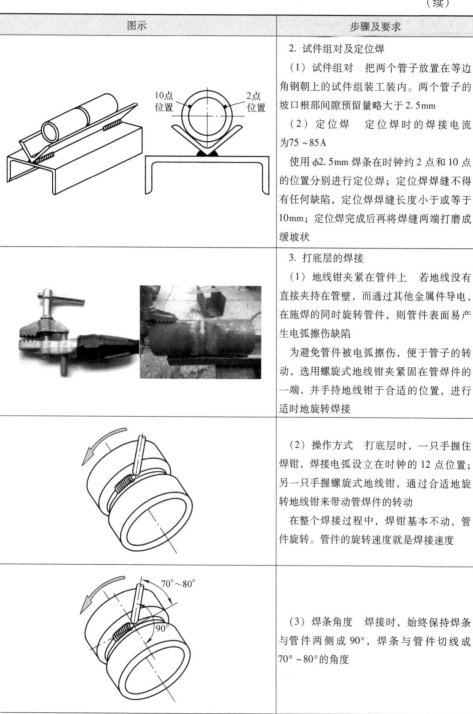	2. 试件组对及定位焊 （1）试件组对　把两个管子放置在等边角钢朝上的试件组装工装内。两个管子的坡口根部间隙预留量略大于2.5mm （2）定位焊　定位焊时的焊接电流为75～85A 使用φ2.5mm焊条在时钟约2点和10点的位置分别进行定位焊；定位焊焊缝不得有任何缺陷，定位焊焊缝长度小于或等于10mm；定位焊完成后再将焊缝两端打磨成缓坡状
	3. 打底层的焊接 （1）地线钳夹紧在管件上　若地线没有直接夹持在管壁，而通过其他金属件导电，在施焊的同时旋转管件，则管件表面易产生电弧擦伤缺陷 为避免管件被电弧擦伤，便于管子的转动，选用螺旋式地线钳夹紧固在管焊件的一端，并手持地线钳于合适的位置，进行适时地旋转焊接
	（2）操作方式　打底层时，一只手握住焊钳，焊接电弧设立在时钟的12点位置；另一只手握螺旋式地线钳，通过合适地旋转地线钳来带动管焊件的转动 在整个焊接过程中，焊钳基本不动，管件旋转。管件的旋转速度就是焊接速度
	（3）焊条角度　焊接时，始终保持焊条与管件两侧成90°，焊条与管件切线成70°～80°的角度

（续）

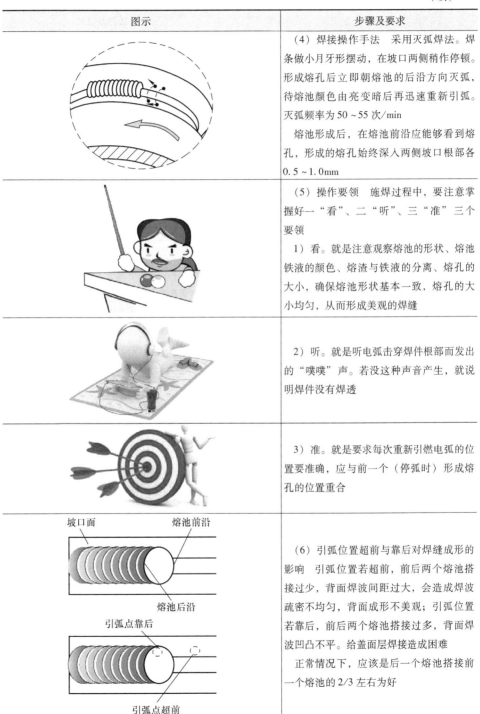

图示	步骤及要求
	（4）焊接操作手法 采用灭弧焊法。焊条做小月牙形摆动，在坡口两侧稍作停顿。形成熔孔后立即朝熔池的后沿方向灭弧，待熔池颜色由亮变暗后再迅速重新引弧。灭弧频率为50～55次/min 熔池形成后，在熔池前沿应能够看到熔孔，形成的熔孔始终深入两侧坡口根部各0.5～1.0mm
	（5）操作要领 施焊过程中，要注意掌握好一"看"、二"听"、三"准"三个要领 1）看。就是注意观察熔池的形状、熔池铁液的颜色、熔渣与铁液的分离、熔孔的大小，确保熔池形状基本一致，熔孔的大小均匀，从而形成美观的焊缝
	2）听。就是听电弧击穿焊件根部而发出的"噗噗"声。若没这种声音产生，就说明焊件没有焊透
	3）准。就是要求每次重新引燃电弧的位置要准确，应与前一个（停弧时）形成熔孔的位置重合
	（6）引弧位置超前与靠后对焊缝成形的影响 引弧位置若超前，前后两个熔池搭接过少，背面焊波间距过大，会造成焊波疏密不均匀，背面成形不美观；引弧位置若靠后，前后两个熔池搭接过多，背面焊波凹凸不平。给盖面层焊接造成困难 正常情况下，应该是后一个熔池搭接前一个熔池的2/3左右为好

（续）

图示	步骤及要求
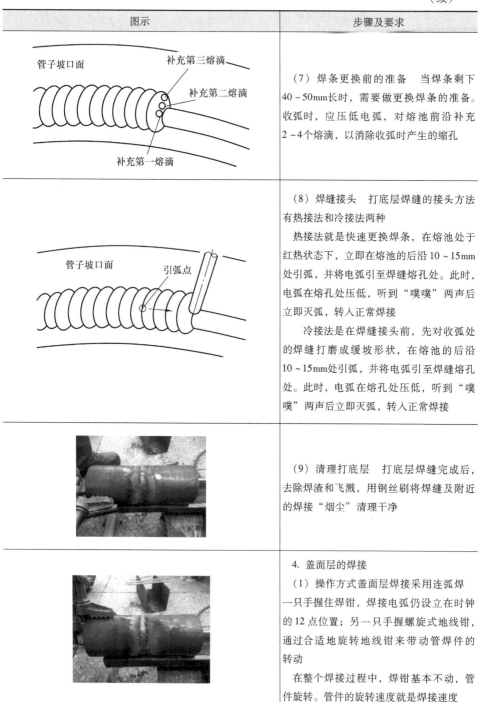	（7）焊条更换前的准备　当焊条剩下40~50mm长时，需要做更换焊条的准备。收弧时，应压低电弧，对熔池前沿补充2~4个熔滴，以消除收弧时产生的缩孔
	（8）焊缝接头　打底层焊缝的接头方法有热接法和冷接法两种 　热接法就是快速更换焊条，在熔池处于红热状态下，立即在熔池的后沿10~15mm处引弧，并将电弧引至焊缝熔孔处。此时，电弧在熔孔处压低，听到"噗噗"两声后立即灭弧，转入正常焊接 　冷接法是在焊缝接头前，先对收弧处的焊缝打磨成缓坡形状，在熔池的后沿10~15mm处引弧，并将电弧引至焊缝熔孔处。此时，电弧在熔孔处压低，听到"噗噗"两声后立即灭弧，转入正常焊接
	（9）清理打底层　打底层焊缝完成后，去除焊渣和飞溅，用钢丝刷将焊缝及附近的焊接"烟尘"清理干净
	4. 盖面层的焊接 　（1）操作方式盖面层焊接采用连弧焊 一只手握住焊钳，焊接电弧仍设立在时钟的12点位置；另一只手握螺旋式地线钳，通过合适地旋转地线钳来带动管焊件的转动 　在整个焊接过程中，焊钳基本不动，管件旋转。管件的旋转速度就是焊接速度

（续）

图示	步骤及要求
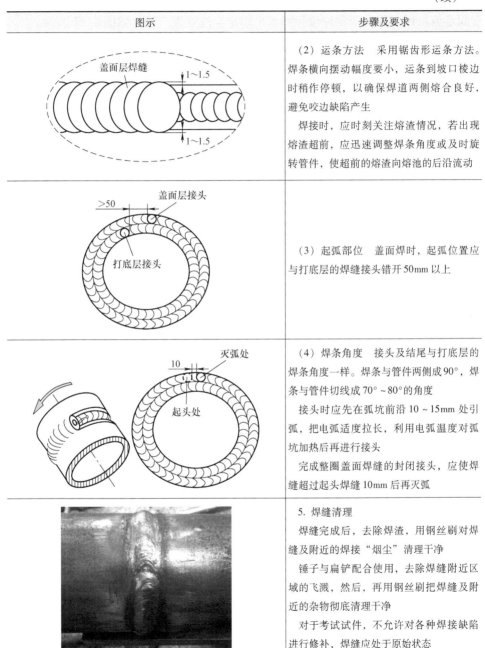	（2）运条方法 采用锯齿形运条方法。焊条横向摆动幅度要小，运条到坡口棱边时稍作停顿，以确保焊道两侧熔合良好，避免咬边缺陷产生 焊接时，应时刻关注熔渣情况，若出现熔渣超前，应迅速调整焊条角度或及时旋转管件，使超前的熔渣向熔池的后沿流动
	（3）起弧部位 盖面焊时，起弧位置应与打底层的焊缝接头错开50mm以上
	（4）焊条角度 接头及结尾与打底层的焊条角度一样。焊条与管件两侧成90°，焊条与管件切线成70°~80°的角度 接头时应先在弧坑前沿10~15mm处引弧，把电弧适度拉长，利用电弧温度对弧坑加热后再进行接头 完成整圈盖面焊缝的封闭接头，应使焊缝超过起头焊缝10mm后再灭弧
	5. 焊缝清理 焊缝完成后，去除焊渣，用钢丝刷对焊缝及附近的焊接"烟尘"清理干净 锤子与扁铲配合使用，去除焊缝附近区域的飞溅，然后，再用钢丝刷把焊缝及附近的杂物彻底清理干净 对于考试试件，不允许对各种焊接缺陷进行修补，焊缝应处于原始状态

四、骑座式管 - 板垂直固定俯位焊的单面焊双面成形

管 - 板接头是锅炉压力容器结构的基本形式之一。可分为骑座式管 - 板和插入式管－板两类，如图2-36所示。根据空间位置不同，每类管－板又可分为垂直固定俯位焊，垂直固定仰位焊和水平固定全位置焊三种，如图2-37所示。

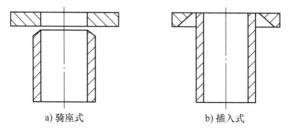

a) 骑座式   b) 插入式

图 2-36　管－板接头试件装配

a) 垂直固定俯位焊   b) 垂直固定仰位焊   c) 水平固定全位置焊

图 2-37　管－板接头焊接位置示意图

1. 骑座式管－板垂直固定俯位焊的焊接特点

骑座式管－板垂直固定俯位焊时，焊件处于俯焊位置，利于熔滴过渡。由于管壁薄，孔板厚，如操作不当，焊脚尺寸易产生不均匀，管壁内侧焊缝易产生内凹，孔板侧易产生未熔合或未焊透等缺陷。所以，焊接过程中，焊接电弧与孔板的角度要大些，焊接电弧与管子的角度要小些。并且，焊接时焊接电弧围绕周圈坡口作平行移动，焊条角度在熔池的形成和移动中需要不断改变，对操作者而言需要较高的操作技能及灵活的身体协调能力。

2. 焊前准备

（1）试件材质及尺寸　20 低碳钢管，$\phi60\text{mm}\times5\text{mm}\times100\text{mm}$，数量 1 件，坡口角度为50°；孔板材料为 Q235 钢板，$100\text{mm}\times100\text{mm}\times12\text{mm}$，用钻床或镗床对低碳钢板中心加工出与钢管内径相同的孔径，如图2-38所示。

（2）焊接材料：选用 E4303 酸性焊条；焊条直径为 $\phi2.5\text{mm}$ 和 $\phi3.2\text{mm}$。焊前应经 75～150℃烘干，保温 2h。

（3）焊接设备：BX3－300 型交流弧焊机。

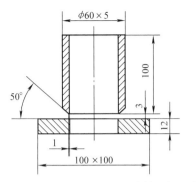

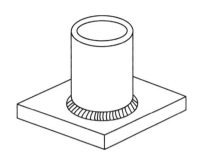

图 2-38 骑座式管 – 板垂直固定俯位焊试件装配示意图

（4）技术要求：

1）单面或双面成形。

2）焊脚尺寸 $K = 8\,^{+2}_{\,0}$ mm。

3）孔板与管子同轴线装配。

（5）焊接参数 骑座式管 – 板垂直固定俯位焊的焊接参数见表 2-15。

表 2-15 骑座式管 – 板垂直固定俯位焊的焊接参数

图示	焊接层次	焊条直径/mm	焊接电流/A
	第 1 道（打底层）	2.5	65 ~ 80
	第 2 道（盖面层）	3.2	110 ~ 120
	第 3 道（盖面层）		100 ~ 115

（6）辅助工具和量具 焊接试件时，需要使用的辅助工具和量具见表 2-8。

3. 操作步骤

骑座式管 – 板垂直固定俯位焊的操作步骤见表 2-16。

表 2-16 骑座式管 – 板垂直固定俯位焊的操作步骤

图示	步骤及要求
 	1. 清理和钝边 使用角磨机将管件和孔板坡口及两侧各 20mm 区域内表面的油污、锈蚀、水分等清理干净，使试件露出金属光泽 管子的钝边应均匀一致，一般控制在 0.5 ~ 1.0mm

（续）

图示	步骤及要求
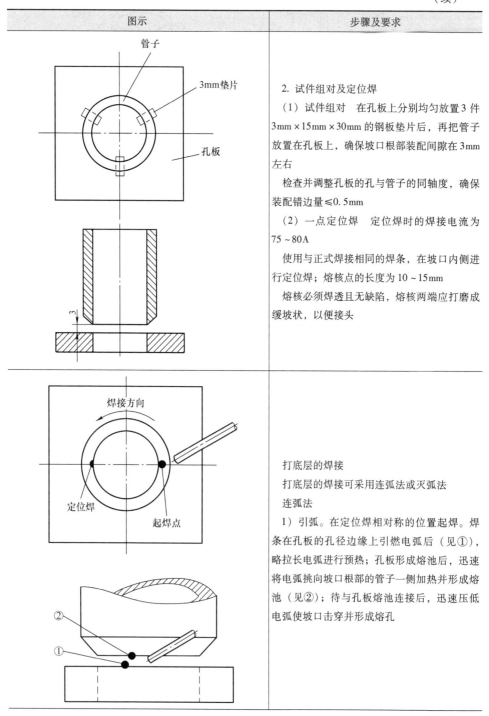	2. 试件组对及定位焊 （1）试件组对　在孔板上分别均匀放置3件3mm×15mm×30mm的钢板垫片后，再把管子放置在孔板上，确保坡口根部装配间隙在3mm左右 　检查并调整孔板的孔与管子的同轴度，确保装配错边量≤0.5mm （2）一点定位焊　定位焊时的焊接电流为75～80A 　使用与正式焊接相同的焊条，在坡口内侧进行定位焊；熔核点的长度为10～15mm 　熔核必须焊透且无缺陷，熔核两端应打磨成缓坡状，以便接头
	打底层的焊接 打底层的焊接可采用连弧法或灭弧法 连弧法 1）引弧。在定位焊相对称的位置起焊。焊条在孔板的孔径边缘上引燃电弧后（见①），略拉长电弧进行预热；孔板形成熔池后，迅速将电弧挑向坡口根部的管子一侧加热并形成熔池（见②）；待与孔板熔池连接后，迅速压低电弧使坡口击穿并形成熔孔

（续）

图示	步骤及要求
	2）运条方法和焊条角度。熔孔形成后，略提起焊条，采用小斜圆圈或小锯齿运条方法进行摆动焊接。焊条摆动到坡口两侧时应有稍稍停顿，确保打底层焊缝与母材的熔合 焊条与管、板间的夹角为25°~30°；焊条与焊缝切线间的夹角为60°~70°
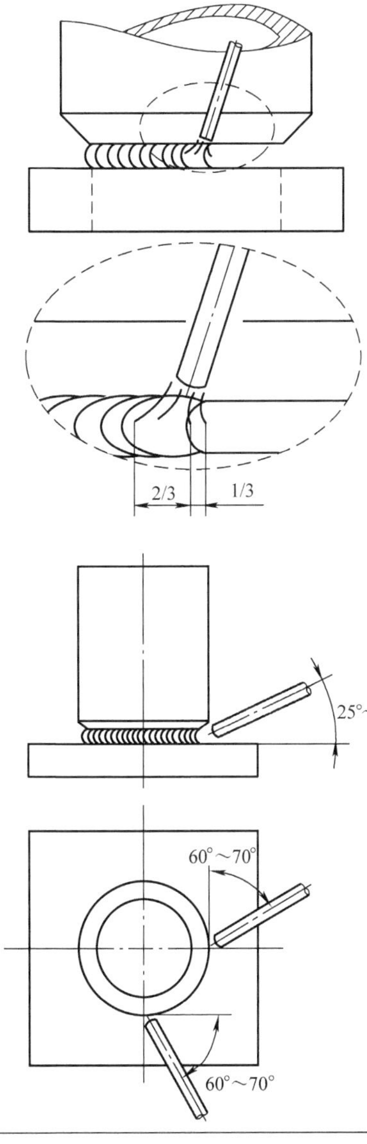	3）电弧的控制。采用短弧焊。焊接时，应灵活转动手臂和手腕，使电弧的1/3在熔池前，确保电弧击穿和熔化坡口根部；电弧的2/3覆盖在熔池上 焊接过程中，应细心观察，保持熔池形状和大小基本一致，以避免未焊透、内凹和焊瘤等缺陷的产生

（续）

图示	步骤及要求
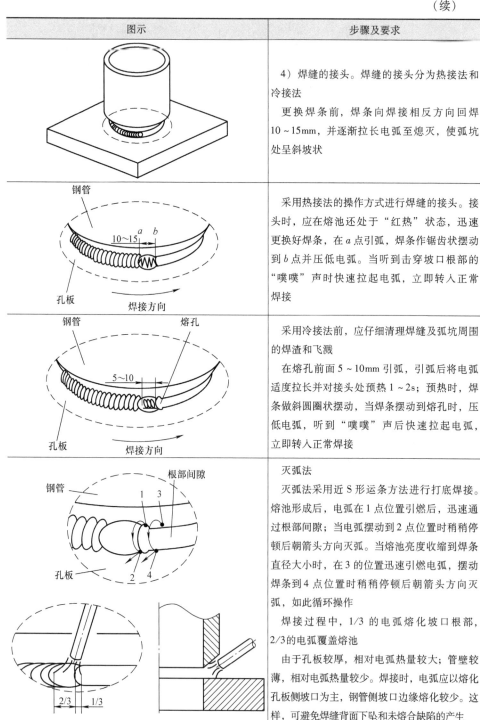	4）焊缝的接头。焊缝的接头分为热接法和冷接法 更换焊条前，焊条向焊接相反方向回焊10~15mm，并逐渐拉长电弧至熄灭，使弧坑处呈斜坡状
	采用热接法的操作方式进行焊缝的接头。接头时，应在熔池还处于"红热"状态，迅速更换好焊条，在a点引弧，焊条作锯齿状摆动到b点并压低电弧。当听到击穿坡口根部的"噗噗"声时快速拉起电弧，立即转入正常焊接
	采用冷接法前，应仔细清理焊缝及弧坑周围的焊渣和飞溅 在熔孔前面5~10mm引弧，引弧后将电弧适度拉长并对接头处预热1~2s；预热时，焊条做斜圆圈状摆动，当焊条摆动到熔孔时，压低电弧，听到"噗噗"声后快速拉起电弧，立即转入正常焊接
	灭弧法 灭弧法采用近S形运条方法进行打底焊接。熔池形成后，电弧在1点位置引燃后，迅速通过根部间隙；当电弧摆动到2点位置时稍稍停顿后朝箭头方向灭弧。当熔池亮度收缩到焊条直径大小时，在3的位置迅速引燃电弧，摆动焊条到4点位置时稍稍停顿后朝箭头方向灭弧，如此循环操作 焊接过程中，1/3的电弧熔化坡口根部，2/3的电弧覆盖熔池 由于孔板较厚，相对电弧热量较大；管壁较薄，相对电弧热量较少。焊接时，电弧应以熔化孔板侧坡口为主，钢管侧坡口边缘熔化较少。这样，可避免焊缝背面下坠和未熔合缺陷的产生

（续）

图示	步骤及要求
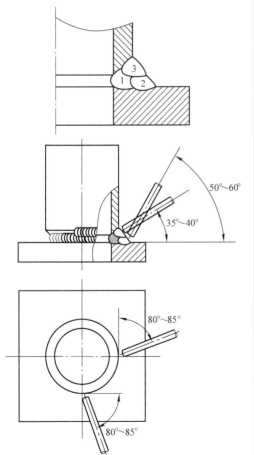 焊缝起头	（3）封闭接头和清理打底层 封闭接头。焊接封闭接头前，应先将起头焊缝打磨成缓坡状后再焊 当焊到缓坡前端时，焊条要向坡口根部压一下稍作停顿，然后焊过缓坡，填满弧坑后熄弧 清理打底层。打底层焊缝完成后，去除焊渣和飞溅，用钢丝刷对焊缝及附近的焊接"烟尘"清理干净
	盖面层的焊接 盖面层采用两道焊，选用 $\phi3.2mm$ 焊条焊接。采用小斜圆圈或小锯齿状运条方法进行焊接 焊道2的焊条角度：焊条与管、板间的夹角为 $50°\sim60°$ 焊道3的焊条角度：焊条与管、板间的夹角为 $35°\sim40°$ 焊条与焊缝切线间的夹角为 $80°\sim85°$ 焊道2完成后，彻底清除焊道2的焊渣。为避免两焊道形成沟槽和焊缝上凸，焊道3焊缝应覆盖焊道2焊缝的 $1/3\sim2/3$ 管板完成焊接后，使用锤子与扁铲配合使用去除焊缝附近区域的飞溅。之后，再用钢丝刷把焊缝及附近的杂物彻底清理干净

五、板厚 12mm 低合金钢板对接立焊单面焊双面成形

1. 焊接特点

板对接向上立焊单面焊双面成形时，液态金属和熔渣受重力的作用容易下坠或下淌。当焊接电流选择较大或操作不当时，易产生焊瘤、咬边或焊缝成形不良等缺陷。当焊接电弧的长度大于焊条直径时，使电弧的稳定性变差，空气易侵入熔池，导致气孔缺陷产生。为避免上述缺陷的产生，焊接过程中，应选择合适的焊接电流和运条方法，短弧焊接；始终控制好焊条角度，均匀的焊接速度；焊盖面层时，焊条在坡口两侧应稍稍停顿。

2. 焊前准备

1）试件材质：Q235 钢板或 Q345 钢板。

2）试件尺寸及数量：300mm×125mm×12mm，两件，坡口面角度为 60°。

3）试件装配及相关尺寸如图 2-39 所示。

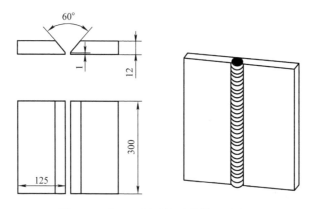

图 2-39　向上立焊对接试件装配示意图

4）焊接材料：E4303 焊条或 E5015 焊条，焊条直径为 φ3.2mm。焊接 Q235钢板时，选用 E4303 酸性焊条，焊前应经 75～150℃烘干，保温 2h。焊接 Q345钢板时，选用 E5015 碱性焊条，焊前应经 350～400℃烘干，并保温 1～2h，烘干后的碱性焊条应存放在 100～150℃的保温箱或保温筒内随用随取。

5）焊接设备：BX3 – 300 型或 ZX5 – 400 型。

6）焊接电流种类：交流或直流反接法。

7）焊接参数：对接向上立焊的焊接参数见表 2-17。

8）辅助工具和量具：焊接试件时，需要使用的辅助工具和量具见表 2-8。

表2-17　对接向上立焊的焊接参数及运条方法

图示	焊接层次	焊条直径/mm	焊接电流/A	运条方法
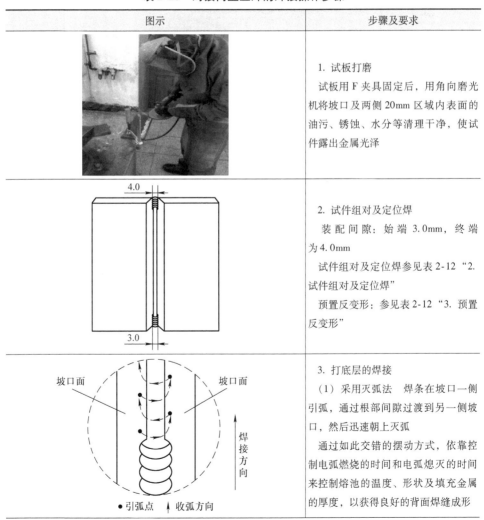	第1层 （打底层）	3.2	95~110	灭弧法
	第2、3层 （填充层）		110~120	锯齿形
	第4层 （盖面层）		100~105	锯齿形 月牙形

3. 操作步骤

对接向上立焊的焊接操作步骤见表2-18。

表2-18　对接向上立焊的焊接操作步骤

图示	步骤及要求
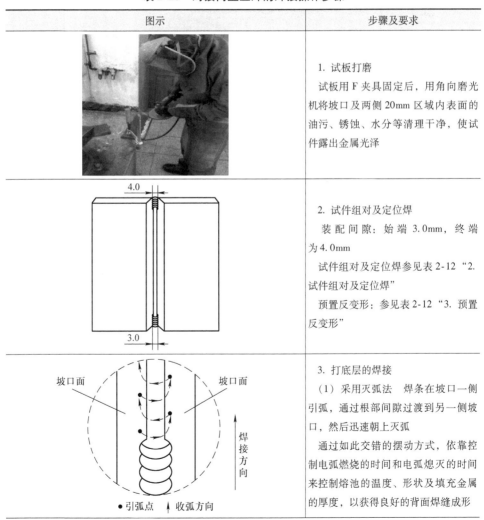	1. 试板打磨 试板用F夹具固定后，用角向磨光机将坡口及两侧20mm区域内表面的油污、锈蚀、水分等清理干净，使试件露出金属光泽
	2. 试件组对及定位焊 　装配间隙：始端3.0mm，终端为4.0mm 试件组对及定位焊参见表2-12"2.试件组对及定位焊" 预置反变形：参见表2-12"3.预置反变形"
	3. 打底层的焊接 （1）采用灭弧法　焊条在坡口一侧引弧，通过根部间隙过渡到另一侧坡口，然后迅速朝上灭弧 通过如此交错的摆动方式，依靠控制电弧燃烧的时间和电弧熄灭的时间来控制熔池的温度、形状及填充金属的厚度，以获得良好的背面焊缝成形

（续）

图示	步骤及要求
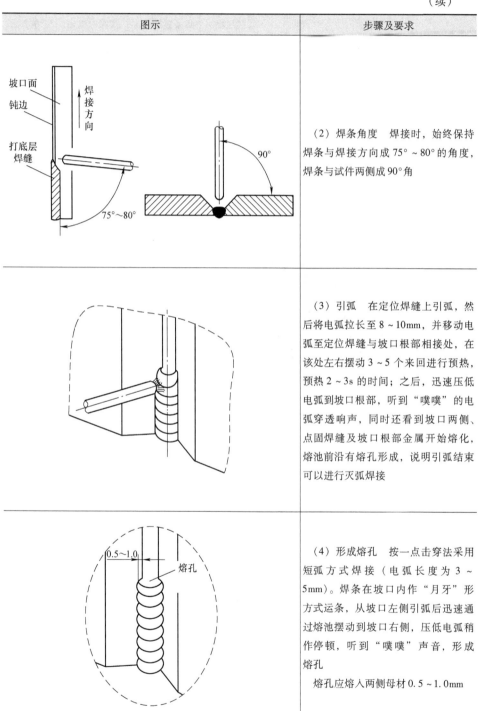	（2）焊条角度　焊接时，始终保持焊条与焊接方向成 75°～80° 的角度，焊条与试件两侧成 90° 角
	（3）引弧　在定位焊缝上引弧，然后将电弧拉长至 8～10mm，并移动电弧至定位焊缝与坡口根部相接处，在该处左右摆动 3～5 个来回进行预热，预热 2～3s 的时间；之后，迅速压低电弧到坡口根部，听到"噗噗"的电弧穿透响声，同时还看到坡口两侧、点固焊缝及坡口根部金属开始熔化，熔池前沿有熔孔形成，说明引弧结束可以进行灭弧焊接
	（4）形成熔孔　按一点击穿法采用短弧方式焊接（电弧长度为 3～5mm）。焊条在坡口内作"月牙"形方式运条，从坡口左侧引弧后迅速通过熔池摆动到坡口右侧，压低电弧稍作停顿，听到"噗噗"声音，形成熔孔 熔孔应熔入两侧母材 0.5～1.0mm

（续）

图示	步骤及要求
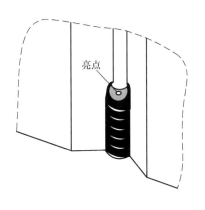	（5）灭弧与再引弧的时机　形成熔孔后，焊条应朝上提起，熄灭电弧。这样，能够有效降低熔池温度，达到控制背面焊缝成形，避免焊瘤缺陷和烧穿现象产生的效果 灭弧时，动作应迅速、干脆，切忌拖泥带水 灭弧后，熔池的亮点快速缩小。此时应焊条迅速、准确的"回撤"到灭弧坡口侧，待熔池的亮点缩小到约焊芯直径大小时，迅速再引弧。形成新熔池后，焊条摆动到坡口的另一侧，新熔孔形成立即灭弧。其灭弧节奏控制在每分钟 45~55 次之间
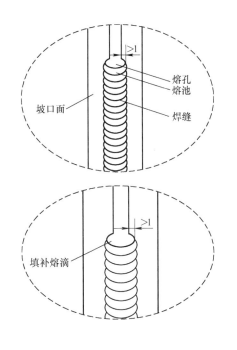	（6）熔孔过大时怎么办　底层焊接过程中，应观察熔孔的大小，使其保持基本一致。当熔孔熔入两侧母材 >1mm 时，说明熔孔偏大。此时，可采取下列操作方法来减小熔孔尺寸 填补法：灭弧时发现熔孔偏大，应延长灭弧时间，并在熔池的"亮斑"即将消失的一瞬间，迅速对一侧的熔孔填补 1~2 个熔滴并快速灭弧。待熔孔大小恢复到正常值时，再按正常灭弧法施焊 时间控制法：可适当缩短电弧燃烧时间，增加熄弧时间。操作时，可任选一种方法或采取两种方法相结合的方式来减小熔孔尺寸

（续）

图示	步骤及要求
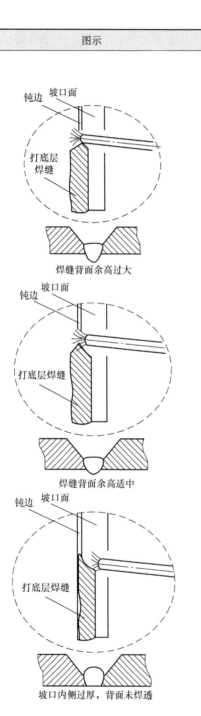	（7）电弧在熔池的位置　焊接电流、电弧燃烧时间及焊条角度一定时，电弧处于熔池（厚度方向）深或浅的位置，能够决定背面焊缝或高或低 若焊条完全抵到或超出坡口根部，电弧在坡口根部燃烧，则背面焊缝余高过厚，坡口内侧的焊缝较薄；严重时产生烧穿或焊瘤缺陷 如1/2的电弧对着熔池燃烧，背面余高可控制在2mm左右，坡口内侧的焊缝厚度适中 若电弧完全在坡口内侧燃烧，电弧无法达到坡口根部，则背面易产生未焊透缺陷，坡口内侧焊缝过高

（图中标注：钝边、坡口面、打底层焊缝）

焊缝背面余高过大

焊缝背面余高适中

坡口内侧过厚，背面未焊透

（续）

图示	步骤及要求
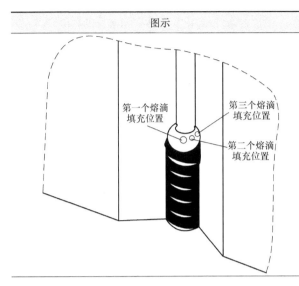	（8）焊条更换前的准备 焊条更换前，如操作不当，打底层焊缝正面或背面易产生冷缩孔 当焊条剩下 50~60mm 长时，需要做更换焊条的准备。即：收弧时，应压低电弧；为避免冷缩孔产生，连续对熔池末端补充 2~3 个熔滴，以便使焊缝背面熔池填充饱满，避免冷缩孔产生 熔滴应由熔池中心向熔池边缘补充。完成前一个熔滴的补充后迅速灭弧，停弧 0.5~1s 再补充后一个熔滴
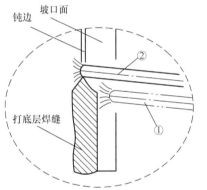	（9）接头 接头时快速更换好焊条，并使熔池处于红热状态下，立即在距熔池下方 10~15mm 的位置引弧（即①的位置） 电弧引燃后，将电弧拉长并迅速移动到收弧熔池的位置进行预热，预热时间控制在 1~2s 内。之后将电弧送到坡口根部（即②的位置），并向下压，听到"噗噗"的击穿声后，迅速灭弧，按一点击穿法完成后续打底层焊缝的焊接
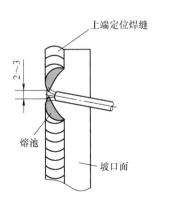	（10）收尾 收尾操作不当易出现焊件背面的打底层焊缝与定位焊焊缝接头不良现象 待打底层焊缝距离上端定位焊焊缝 2~3mm 间隙时，迅速压低电弧，同时焊条左右摆动，约 1s 后迅速灭弧，待熔池温度降低后再采用反复熄弧、引弧法完成打底层的收尾 （11）清理焊渣、飞溅 完成打底层焊缝后，应仔细清理坡口内的焊渣和飞溅，为填充层焊缝的焊接做好充足准备

105

（续）

图示	步骤及要求
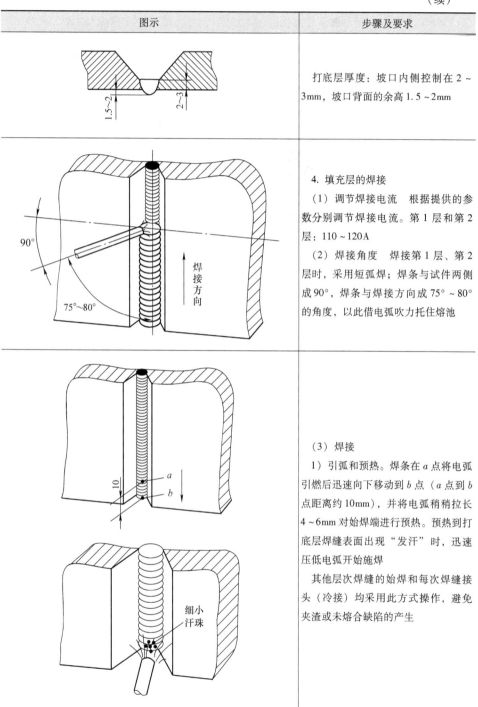	打底层厚度：坡口内侧控制在 2～3mm，坡口背面的余高 1.5～2mm
	4. 填充层的焊接 （1）调节焊接电流 根据提供的参数分别调节焊接电流。第 1 层和第 2 层：110～120A （2）焊接角度 焊接第 1 层、第 2 层时，采用短弧焊；焊条与试件两侧成 90°，焊条与焊接方向成 75°～80° 的角度，以此借电弧吹力托住熔池
	（3）焊接 1）引弧和预热。焊条在 *a* 点将电弧引燃后迅速向下移动到 *b* 点（*a* 点到 *b* 点距离约 10mm），并将电弧稍稍拉长 4～6mm 对始焊端进行预热。预热到打底层焊缝表面出现"发汗"时，迅速压低电弧开始施焊 其他层次焊缝的始焊和每次焊缝接头（冷接）均采用此方式操作，避免夹渣或未熔合缺陷的产生

（续）

图示	步骤及要求
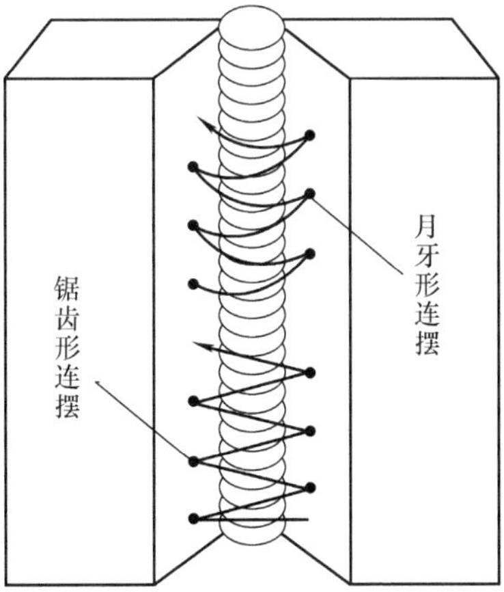 锯齿形连摆　月牙形连摆	2）运条方法和操作要点。采用月牙形或锯齿形运条手法 　焊条的电弧从坡口一侧摆动到另一侧时，通过焊缝时应稍快（特别是在填充层第1道时），在坡口两侧时应稍作停留以控制熔池温度，使两侧良好熔合，并保证扁圆形熔池外形。这样，可避免形成焊缝两侧形成"沟槽"现象
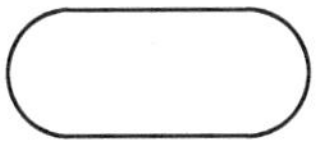 正常  温度稍高 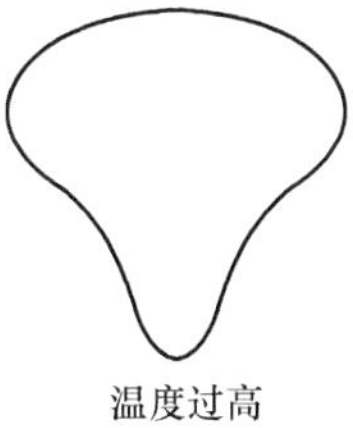 温度过高	3）熔池形状与温度。焊接中，熔池呈扁平椭圆形，说明熔池温度正常；焊条的摆动速度和坡口两侧停留的时间及电弧长度的控制要恰到好处 　当发现熔池的下方出现鼓肚变圆时，说明熔池温度稍高。此时，应立即调整运条方式：即尽量压低电弧长度，并增加焊条在坡口两侧停留的时间，加快中间过渡速度 　通过调整运条方式时，不但不能把熔池恢复到偏平椭圆形的状态，反而熔池"鼓肚"倾向增加。说明熔池温度过高，应立即灭弧，给熔池冷却时间，待熔池温度下降后继续焊接 　同时，可考虑减小焊接电流、提高焊接速度

（续）

图示	步骤及要求
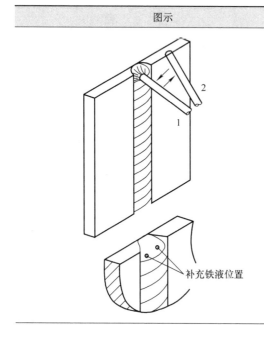 补充铁液位置	4）填满弧坑。收尾时，焊件尾端的温度很高，连续焊接会造成熔池形状难以控制，严重时产生焊瘤缺陷。因此，为降低熔池的温度应采用反复灭弧收尾法将弧坑填满 灭弧时，应观察熔池的亮度。待熔池的亮度即将消失时，迅速补充一个熔滴，对熔池补充铁液数次直至弧坑填满 填充层的收尾（包括盖面层）是焊工很容易忽略的环节。在考试时，往往由于弧坑未填满而被扣分，因此在练习过程中就应把每层每道的焊缝收尾处弧坑填充饱满
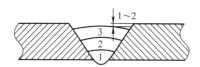	5）焊接最后一层填充层时，焊条应伸入坡口 2～3mm，以确保填充层高度低于母材表面 1～2mm；同时，应保持坡口两侧的棱边原始状态，为盖面层焊缝的美观和宽窄一致打下良好的基础
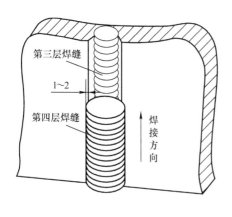	盖面层：把填充层清理干净 1）焊接角度及运条方法与填充层的焊接角度及运条方法相同 2）操作要点：为防止咬边缺陷的产生，采用短弧焊接；焊条摆动到坡口两边时应有稍稍停留；焊条在焊缝中间过渡稍快；焊条摆动到左侧时，熔池左侧边缘应超出左边坡口 1～2mm 覆盖。焊条摆动到右侧时，也超出右边坡口 1～2mm 覆盖 焊缝清理：认真清除焊渣及飞溅

六、板厚12mm低合金钢板对接横焊单面焊双面成形

1. 焊接特点

板对接横焊时，熔池和熔渣受重力的作用容易下坠或下淌，造成焊缝余高呈现"上低下高"现象；当焊接电流选择较大或操作不当时，易产生焊瘤、咬边或焊缝成形不良等缺陷。为避免上述缺陷的产生，应采用多层多道焊，并选择合理的焊接电流和运条方法，短弧焊接；始终控制好焊条角度，合适的焊接速度。因采用多层多道焊，焊接变形较其他焊接位置大，因此，试件的反变形应预留大些。

2. 焊前准备

1）试件材质：Q235钢板或Q345钢板。

2）试件尺寸及数量：300mm×125mm×12mm，两件，坡口面角度为60°。

3）试件装配及相关尺寸如图2-40所示。

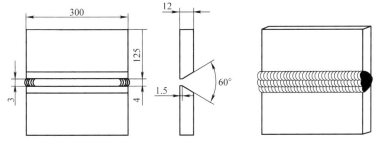

图2-40　横焊对接试件装配示意图

4）焊接材料：E4303焊条或E5015焊条，焊条直径为φ3.2mm。焊接Q235钢板时，选用E4303酸性焊条，焊前应经75~150℃烘干，保温2h。焊接Q345钢板时，选用E5015碱性焊条，焊前应经350~400℃烘干，并保温1~2h，烘干后的碱性焊条应存放在100~150℃的保温箱或保温筒内随用随取。

5）焊接设备：BX3-300型交流弧焊机或ZX5-400型直流弧焊机等。

6）焊接电流种类：交流或直流反接法。

7）焊接参数：对接横焊的焊接参数见表2-19。

8）辅助工具和量具：焊接试件时，需要使用的辅助工具和量具见表2-8。

表2-19　对接横焊的焊接参数及运条方法

图示	焊接层道数	焊条直径/mm	焊接电流/A	运条方法
	第1道（打底层）		85~105	灭弧法
	第2、3、4道（填充层）	3.2	130~150	斜圆圈形
	第5、6、7道（盖面层）		120~130	斜圆圈形 直线形

3. 操作步骤

对接横焊的焊接操作步骤见表2-20。

表2-20　对接横焊的焊接操作步骤

图示	步骤及要求
	**1. 试板打磨** 将坡口及两侧20mm区域内表面的油污、锈蚀、水分等清理干净，使试件露出金属光泽 **2. 试件组对及定位焊** （1）坡口内定位焊　使用直径为ϕ3.2mm的焊条在试件两端各20mm的正面坡口内进行定位焊，长度为15mm （2）装配间隙　始端为3.0mm，终端为4.0mm （3）焊接电流　定位焊时的焊接电流为90～105A
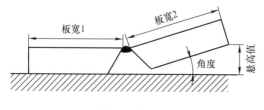 <center>板宽1＝板宽2</center>	**3. 预置反变形** 试件组焊完成后，必须预置反变形量，确保试件焊接完成后的平面度 悬高值：试件预置反变形后，将试件一侧试板置于平台（或平整的工件）上，用钢直尺读取悬空试板最外侧棱边与平台之间的垂直高度。这种悬空板外棱边与平台间的高度值称为悬高值板宽、反变形角度、悬高值对应关系

角度 /(°)	板宽/mm			
	100	110	125	150
	悬高值/mm			
3	5.3	5.8	6.6	7.9
4	7	7.7	8.7	10.5
5	8.8	9.6	10.9	13.1
6	10.5	11.6	13.1	15.7
7	12.3	13.5	15.3	18.4
8	14	15.4	17.5	21
9	15.8	17.4	16.7	23.5
10	17.5	19.3	21.9	26.2

反变形量　对于12mm厚的对接横焊单面焊双面成形的焊接试件的反变形量一般控制在6°～8°

（续）

图示	步骤及要求
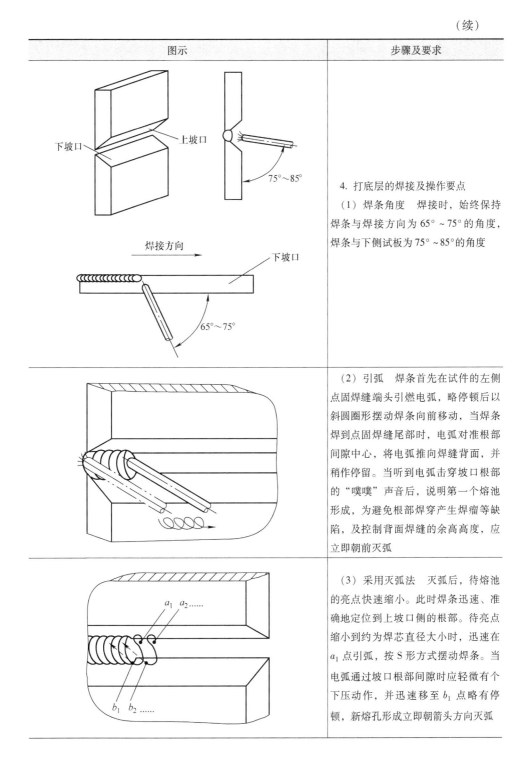	4. 打底层的焊接及操作要点 （1）焊条角度　焊接时，始终保持焊条与焊接方向为 65°～75° 的角度，焊条与下侧试板为 75°～85° 的角度 （2）引弧　焊条首先在试件的左侧点固焊缝端头引燃电弧，略停顿后以斜圆圈形摆动焊条向前移动，当焊条焊到点固焊缝尾部时，电弧对准根部间隙中心，将电弧推向焊缝背面，并稍作停留。当听到电弧击穿坡口根部的"噗噗"声音后，说明第一个熔池形成，为避免根部焊穿产生焊瘤等缺陷，及控制背面焊缝的余高高度，应立即朝前灭弧 （3）采用灭弧法　灭弧后，待熔池的亮点快速缩小。此时焊条迅速、准确地定位到上坡口侧的根部。待亮点缩小到约为焊芯直径大小时，迅速在 a_1 点引弧，按 S 形方式摆动焊条。当电弧通过坡口根部间隙时应轻微有个下压动作，并迅速移至 b_1 点略有停顿，新熔孔形成立即朝箭头方向灭弧

111

（续）

图示	步骤及要求
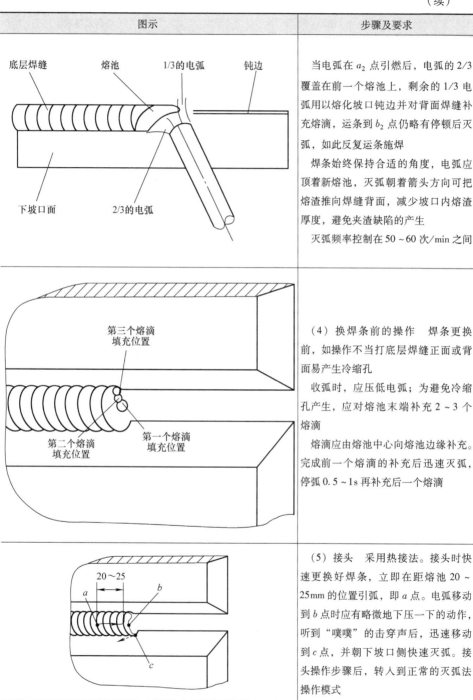	当电弧在 a_2 点引燃后，电弧的2/3覆盖在前一个熔池上，剩余的1/3电弧用以熔化坡口钝边并对背面焊缝补充熔滴，运条到 b_2 点仍略有停顿后灭弧，如此反复运条施焊 焊条始终保持合适的角度，电弧应顶着新熔池，灭弧朝着箭头方向可把熔渣推向焊缝背面，减少坡口内熔渣厚度，避免夹渣缺陷的产生 灭弧频率控制在 50～60 次/min 之间
	（4）换焊条前的操作 焊条更换前，如操作不当打底层焊缝正面或背面易产生冷缩孔 收弧时，应压低电弧；为避免冷缩孔产生，应对熔池末端补充 2～3 个熔滴 熔滴应由熔池中心向熔池边缘补充。完成前一个熔滴的补充后迅速灭弧，停弧 0.5～1s 再补充后一个熔滴
	（5）接头 采用热接法。接头时快速更换好焊条，立即在距熔池 20～25mm 的位置引弧，即 a 点。电弧移动到 b 点时应有略微地下压一下的动作，听到"噗噗"的击穿声后，迅速移动到 c 点，并朝下坡口侧快速灭弧。接头操作步骤后，转入到正常的灭弧法操作模式

（续）

图示	步骤及要求
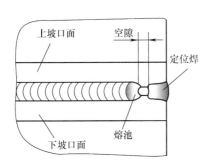 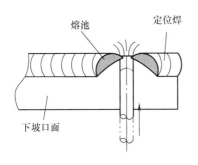	（6）收尾　当打底层焊缝与定位焊焊缝有2mm左右的空隙时，将与焊接方向的焊条角度调整到近90°，与下侧试板角度不变 同时，迅速压低电弧做圆圈形摆动，电弧在坡口根部焊接1~2s的时间 打底层焊缝与定位焊焊缝连接后迅速回抽灭弧，待熔池温度降低后再采用反复灭弧收尾法把弧坑填满
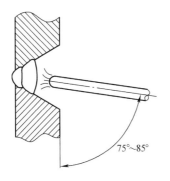	5. 填充层的焊接及操作要点 （1）清理　完成打底层焊缝后，应仔细清理坡口内的焊渣和飞溅 （2）第2道焊缝　此焊道为单层填充焊缝，采用斜圆圈法运条，运条摆幅宽度增大，能覆盖打底层即可。焊条在摆动到上、下坡口面时应有停顿的意识，通过焊缝中间时应较快，这样可保证坡口面熔合良好，焊道平整。同时，引弧应注意在试件的左前端起弧，尾端一定要把弧坑填满 焊条角度与打底层焊缝的焊条角度基本一致。焊接电流：140~150A

（续）

图示	步骤及要求
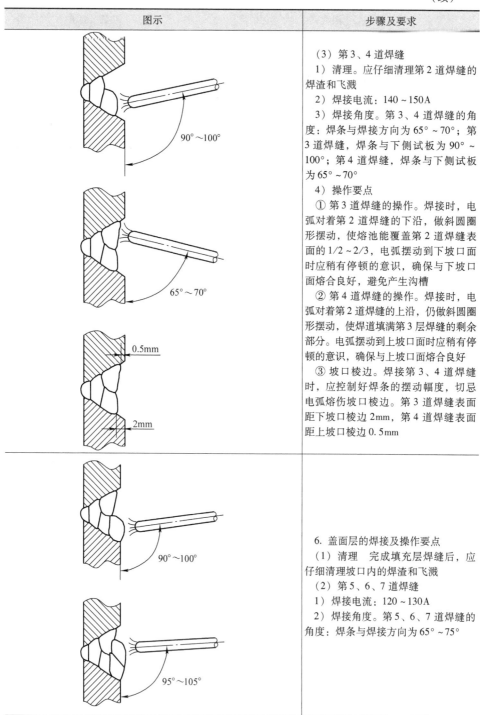	（3）第3、4道焊缝 1）清理。应仔细清理第2道焊缝的焊渣和飞溅 2）焊接电流：140~150A 3）焊接角度。第3、4道焊缝的角度：焊条与焊接方向为65°~70°；第3道焊缝，焊条与下侧试板为90°~100°；第4道焊缝，焊条与下侧试板为65°~70° 4）操作要点 ① 第3道焊缝的操作。焊接时，电弧对着第2道焊缝的下沿，做斜圆圈形摆动，使熔池能覆盖第2道焊缝表面的1/2~2/3，电弧摆动到下坡口面时应稍有停顿的意识，确保与下坡口面熔合良好，避免产生沟槽 ② 第4道焊缝的操作。焊接时，电弧对着第2道焊缝的上沿，仍做斜圆圈形摆动，使焊道填满第3层焊缝的剩余部分。电弧摆动到上坡口面时应稍有停顿的意识，确保与上坡口面熔合良好 ③ 坡口棱边。焊接第3、4道焊缝时，应控制好焊条的摆动幅度，切忌电弧熔伤坡口棱边。第3道焊缝表面距下坡口棱边2mm，第4道焊缝表面距上坡口棱边0.5mm 6. 盖面层的焊接及操作要点 （1）清理 完成填充层焊缝后，应仔细清理坡口内的焊渣和飞溅 （2）第5、6、7道焊缝 1）焊接电流：120~130A 2）焊接角度。第5、6、7道焊缝的角度：焊条与焊接方向为65°~75°

（续）

图示	步骤及要求
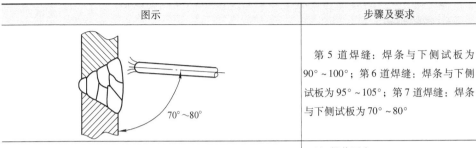	第 5 道焊缝：焊条与下侧试板为 90°~100°；第 6 道焊缝：焊条与下侧试板为 95°~105°；第 7 道焊缝：焊条与下侧试板为 70°~80°
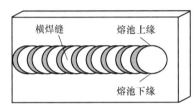 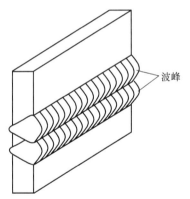 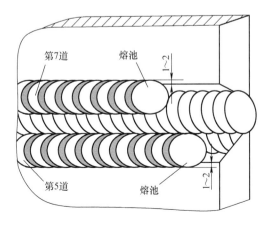	3）操作要点 ① 第 5 道焊缝的操作。电弧在第 4 道焊缝下缘与下坡口棱边区域做斜圆圈形摆动，覆盖第 3 道焊缝表面，熔池下缘超出坡口棱边 1~2mm，确保焊道与下坡口熔合良好，防止产生未熔合 ② 第 6 道焊缝的操作。电弧在第 5 道焊缝波峰上与第 4 道焊缝的 1－2~2/3 位置的区域做斜圆圈形摆动。焊缝下沿与第 5 道焊缝波峰过渡应平滑。切忌脱节，形成沟槽 ③ 第 7 道焊缝的操作。由于试件温度的升高，熔池流动性增大，导致咬边概率增大。因此，焊接前应减小焊接电流 电弧在第 6 道焊缝波峰上与上坡口棱边的区域做直线形或小圆圈形运条。熔池上缘超出坡口棱边 1~2mm，确保焊道与上坡口熔合良好，防止产生未熔合 7. 焊缝清理 试件焊接完成后，去除焊渣，用钢丝刷将焊缝及附近的焊接"烟尘"清理干净 使用锤子与扁铲配合使用去除焊缝附近区域的飞溅。之后，再用钢丝刷把焊缝及附近的杂物彻底清理干净 考试试件，不允许对各种焊接缺陷进行修补，焊缝应处于原始状态

七、φ76mm 低合金钢管水平固定对接焊单面焊双面成形

1. 焊接特点

水平固定管焊俗称"全位置焊接"。φ76mm 低合金钢管水平固定对接焊单面焊双面成形，焊接过程要经过仰焊、立焊、平焊等多种焊接位置的变化，并且运条方式、焊条角度的变化和焊工身体位置的变化都较大，如焊接参数选择不当，操作不当就会产生未焊透、未熔合、夹渣、气孔、焊瘤等焊接缺陷。因此，焊工应熟练掌握平焊、立焊、仰焊等相关位置的操作技能。

2. 焊前准备

1）试件材质及尺寸：Q345 钢管，φ76mm×4mm×100mm，2 件，坡口面角度为 60°，如图 2-41 所示。

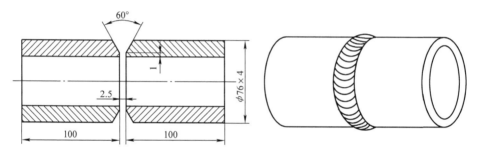

图 2-41　水平固定钢管对接试件装配示意图

2）焊接材料：选用 E5015 碱性焊条；焊条直径 φ2.5mm。焊前应经 350～400℃烘干，保温 2h，烘干后的焊条应存放在 100～150℃的保温箱或保温筒内随用随取。

3）焊接设备：ZX5-400 型直流弧焊机。

4）电源极性：直流反接。

5）焊接参数：水平固定钢管对接焊的焊接参数见表 2-21。

表 2-21　水平固定钢管对接焊的焊接参数

图示	焊接层次	焊条直径/mm	焊接电流/A	运条方法
	打底层	2.5	65～85	灭弧法
	盖面层		60～80	锯齿形 月牙形

6）辅助工具和量具：焊接试件时，需要使用的辅助工具和量具见表 2-8。

3. 操作步骤

水平固定钢管对接焊的操作步骤见表2-22。

表2-22　水平固定钢管对接焊的操作步骤

图示	步骤及要求
	1. 管件打磨 把管件放置在等边角钢朝上的试件组装工装内 使用角磨机对管件表面及坡口面及两侧各20mm区域内表面的氧化皮、锈蚀等清理干净，使试件露出金属光泽 使用直柄打磨机来去除管件内壁的铁锈，露出金属光泽
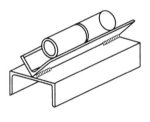 	2. 试件组对及定位焊 （1）试件组　对把两个管子放置在等边角钢朝上的试件组装工装内。两个管子的坡口根部间隙预留量略大于2.5mm （2）定位焊　定位焊时的焊接电流为75~85A 使用φ2.5mm焊条在时钟约2点和10点的位置分别进行定位焊 定位焊焊缝需焊透，不得有缺陷，定位焊焊缝长度小于或等于10mm 定位焊完成后将焊缝两端打磨成缓坡状 将试件水平固定在焊接支架距地面800~900mm的高度上待焊

（续）

图示	步骤及要求

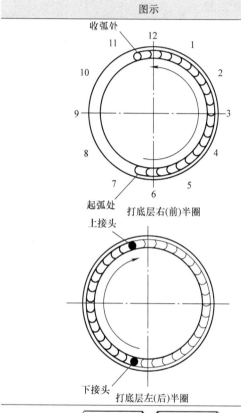

收弧处
打底层右(前)半圈
起弧处
上接头
下接头
打底层左(后)半圈

3. 打底层的焊接

打底焊即可采用灭弧焊法，也可采用连弧焊法。按照左、右两个半圈的顺序施焊

焊接顺序	时钟位置
先右半圈	6 点半→3 点→11 点半
再左半圈	6 点半→9 点→11 点半

这里仅介绍灭弧焊法

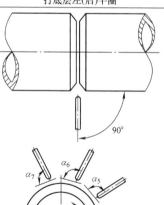

（1）焊条角度 焊接时，始终保持焊条与管件两侧成 90°角；右半圈时，焊条在各时间段与管件切线的角度

α 数值	对应角度
α_1	80°～85°
α_2	90°～95°
α_3	100°～105°
α_4	90°～95°
α_5	95°～85°
α_6	85°～80°
α_7	80°～75°

（续）

图示	步骤及要求
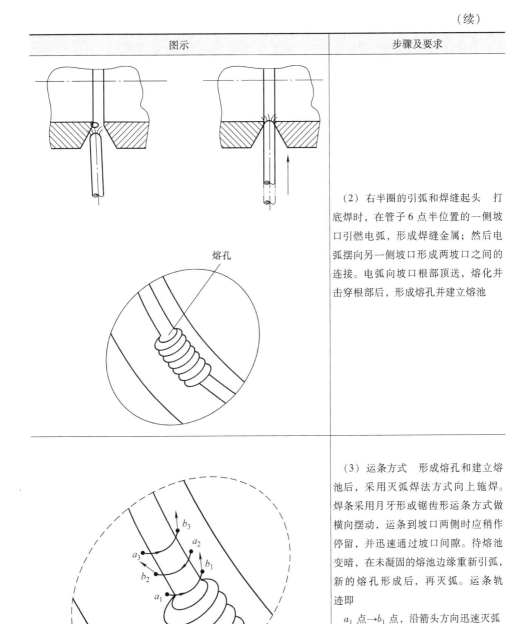	（2）右半圈的引弧和焊缝起头 打底焊时，在管子 6 点半位置的一侧坡口引燃电弧，形成焊缝金属；然后电弧摆向另一侧坡口形成两坡口之间的连接。电弧向坡口根部顶送，熔化并击穿根部后，形成熔孔并建立熔池
	（3）运条方式 形成熔孔和建立熔池后，采用灭弧焊法方式向上施焊。焊条采用月牙形或锯齿形运条方式做横向摆动，运条到坡口两侧时应稍作停留，并迅速通过坡口间隙。待熔池变暗，在未凝固的熔池边缘重新引弧，新的熔孔形成后，再灭弧。运条轨迹即 a_1 点→b_1 点，沿箭头方向迅速灭弧 b_2 点→a_2 点，沿箭头方向迅速灭弧 a_3 点→b_3 点，沿箭头方向迅速灭弧…… a 点：起弧点，b 点：灭弧点

图中标注：熔孔

图中标注：b_3、a_2、a_3、b_1、b_2、a_1

（续）

图示	步骤及要求
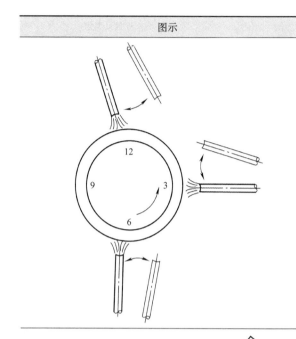	（4）灭弧频率　灭弧应迅速、干脆，切忌拖泥带水，灭弧与接弧时间要短。为控制坡口内焊缝厚度，避免内凹和焊瘤的产生，不同焊接位置的灭弧频率是不同的。灭弧频率见下表

时钟位置	焊接位置	灭弧频率/(次/min)
5~7 点	仰焊位置	30~35
7~8 点，5~4 点	仰位爬坡焊位置	35~40
8~10 点，4~2 点	立焊位置	40~50
10~11 点半，2~1 点半	立位爬坡焊位置	40~35
11 点半~1 点半	平焊位置	35~30

图示	步骤及要求
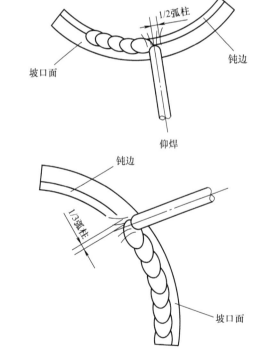	（5）弧柱透过量　打底层时，弧柱透过焊缝背面的多少，应根据焊接位置来确定 焊接仰焊区间（6 点半~4 点）时，由于熔池自重的作用，坡口内部的焊缝金属较多。为减少坡口内的金属量，焊接时应尽量将焊条顶向根部，1/2 的弧柱在新熔池燃烧，另 1/2 的弧柱通过根部间隙到达焊缝背面。这样一方面可减少坡口内焊缝金属厚度，另一方面可增加背面焊缝余高，避免管内凹陷缺陷产生 焊接立焊和平焊区间（4 点~11 点半）时，焊条顶送量应逐渐减小，2/3 的弧柱在新熔池燃烧，1/3 的弧柱到达焊缝背面。这样一方面可控制坡口内焊缝金属厚度，另一方面可减小背面焊缝余高。立焊区间坡口根部应有合适的熔孔形成，而平焊区间则不能看到熔孔。若平焊区间有熔孔则说明焊缝背面余高增加，甚至会产生焊瘤或烧穿等缺陷

图1中标注：12、9、3、6

图2中标注：1/2弧柱、钝边、坡口面、仰焊、钝边、1/3弧柱、坡口面、平焊或立焊

（续）

图示	步骤及要求
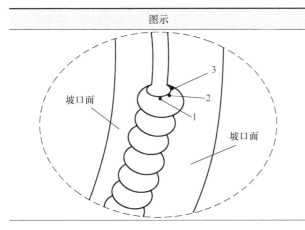	（6）换焊条前的操作　焊条更换前，如操作不当，打底层焊缝正面或背面易产生裂纹和冷缩孔 收弧时，应压低电弧；为避免裂纹和冷缩孔产生，应对熔池末端补充2～3个熔滴 熔滴应由熔池中心向熔池边缘补充。完成前一个熔滴的补充后迅速灭弧，停弧0.5s左右再补充后一个熔滴
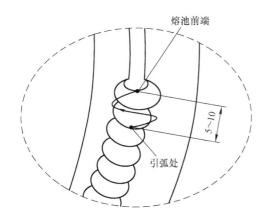	（7）焊缝的接头　焊缝的接头分热接接头法和冷接接头法 热接接头法是快速更换焊条后，在熔池仍处于红热状态的情况下，焊条在收弧点后方5～10mm位置引弧，向前运条，电弧移动到熔池前端部位处，轻轻压向（或顶向）坡口根部，待听到击穿坡口根部的"噗"声后，转入正常的打底层焊接 冷接接头法按热接接头法的引弧、击穿操作方法施焊，区别就是在施焊前将收弧处熔池打磨或錾削成缓坡状。缓坡状长度为5～10mm
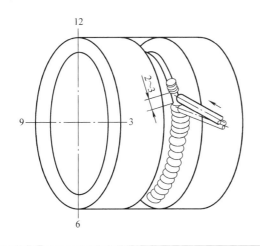	（8）与定位焊相接的操作　持续形成的焊缝距离点固焊缝15～20mm时，收弧方向应朝向定位焊，用电弧热量对点固焊缝加热，使打底层焊缝与点固焊缝的衔接充分熔合，避免熔合不良缺陷的产生 当焊缝与点固焊缝距离2～3mm间距时，不能熄弧，应把焊条向坡口根部压一下，待听到"噗噗"的击穿声后，迅速提起并摆动焊条到点固焊缝上连续施焊。焊至点固焊缝尾端时，恢复灭弧法操作

（续）

图示	步骤及要求
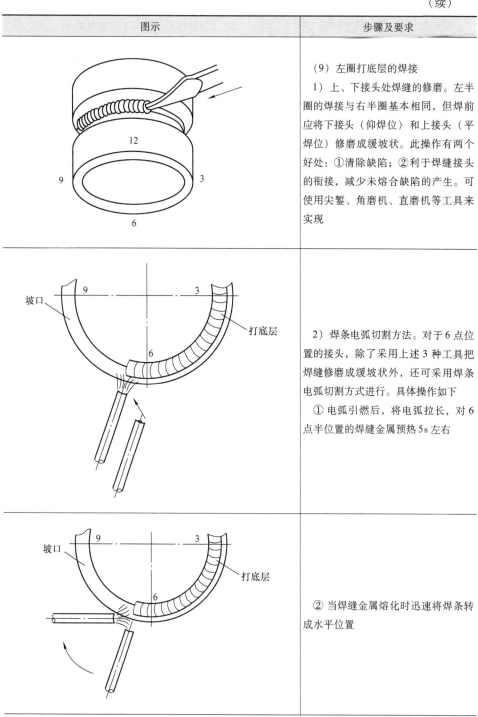	（9）左圈打底层的焊接 1）上、下接头处焊缝的修磨。左半圈的焊接与右半圈基本相同，但焊前应将下接头（仰焊位）和上接头（平焊位）修磨成缓坡状。此操作有两个好处：①清除缺陷；②利于焊缝接头的衔接，减少未熔合缺陷的产生。可使用尖錾、角磨机、直磨机等工具来实现
	2）焊条电弧切割方法。对于6点位置的接头，除了采用上述3种工具把焊缝修磨成缓坡状外，还可采用焊条电弧切割方式进行。具体操作如下 ① 电弧引燃后，将电弧拉长，对6点半位置的焊缝金属预热5s左右
	② 当焊缝金属熔化时迅速将焊条转成水平位置

（续）

图示	步骤及要求
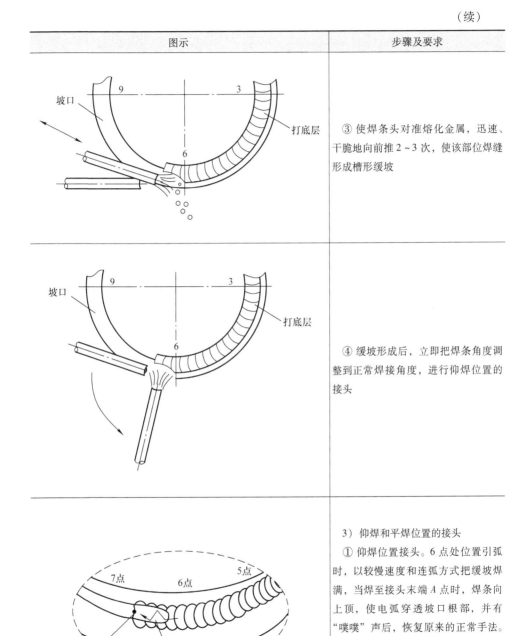	③ 使焊条头对准熔化金属，迅速、干脆地向前推 2~3 次，使该部位焊缝形成槽形缓坡
	④ 缓坡形成后，立即把焊条角度调整到正常焊接角度，进行仰焊位置的接头
	3）仰焊和平焊位置的接头 ① 仰焊位置接头。6 点处位置引弧时，以较慢速度和连弧方式把缓坡焊满，当焊至接头末端 A 点时，焊条向上顶，使电弧穿透坡口根部，并有"噗噗"声后，恢复原来的正常手法。之后，再按右半圈方法施焊 ② 平焊位置接头。施焊到 11 点半位置时，接头的方式与点固焊相接的操作方式相同

（续）

图示	步骤及要求
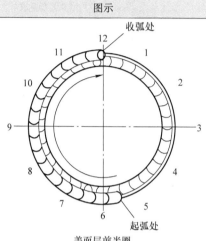 盖面层前半圈 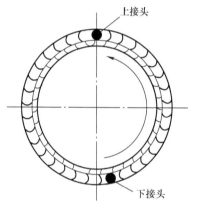 盖面层后半圈	4. 盖面层的焊接 先清除打底层焊缝焊渣、飞溅，并将焊缝接头处过高部分打磨平整 盖面层时，严格控制电弧长度，采用连弧焊法施焊 按照左、右两个半圈的步骤施焊。打底层的起弧和收尾与盖面层的起弧和收尾应错开，这样可减少缺陷的产生和同区域的集聚 下表 表格：

盖面层前半圈图中标注：收弧处、12、11、10、9、8、7、6、5、4、3、2、1、起弧处

焊接顺序	时钟位置
先左半圈	5 点半→9 点→12 点
再右半圈	5 点半→3 点→12 点

盖面层后半圈图中标注：上接头、下接头

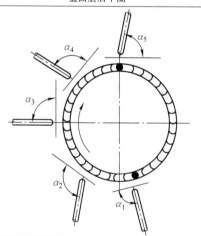

（1）焊条角度　焊接时，始终保持焊条与管件两侧成90°；左半圈时，焊条在各时间段与管件切线的角度见下表

α 数值	对应角度
α_1	85°～90°
α_2	100°～105°
α_3	90°～95°
α_4	95°～85°
α_5	80°～75°

（续）

图示	步骤及要求

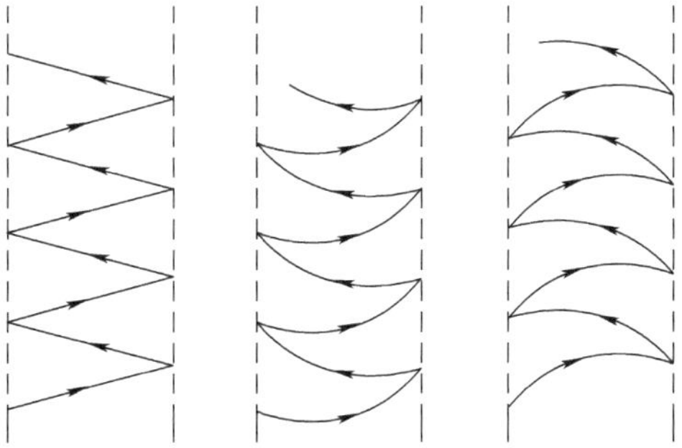

（2）运条方式　焊接过程要经过仰焊、立焊、平焊等焊接位置的变化，为使周圈焊缝余高趋于一致，其运条方式也不同

时钟位置	焊接位置	运条方式
5~7 点	仰焊位置	锯齿形
7~8 点，5~4 点	仰位爬坡焊位置	反月牙形
8~10 点，4~2 点	立焊位置	锯齿形
10~11 点半，2~1 点半	立位爬坡焊位置	月牙形
11 点半~1 点半	平焊位置	月牙形

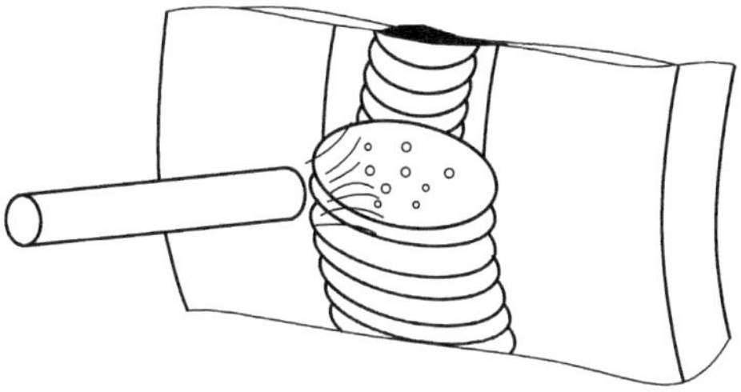

锯齿形　月牙形　反月牙形

（3）左半圈的操作

1）在管子 5 点半处的位置的打底层焊缝上引弧。引弧后，拉长弧对该部位预热 3~5s，看到焊缝"出汗"后迅速压低电弧长度（即短弧），采用与焊接位置相适宜的运条方法连续焊接

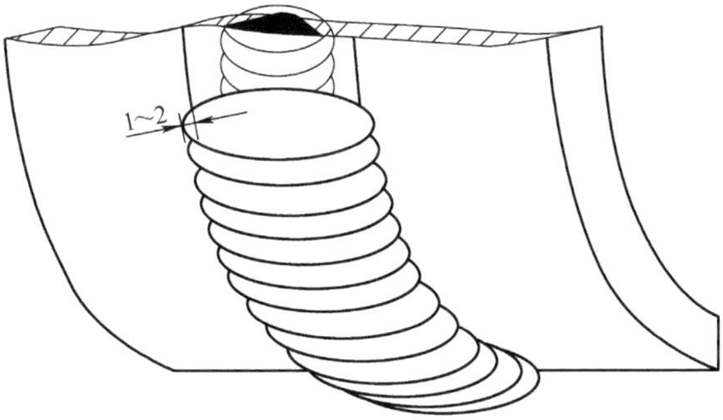

2）焊条横向摆动时，中间过渡要快，防止中间温度过高使焊道凸起；摆动到坡口边缘时，看到熔池边缘熔覆盖左、右坡口棱边各 1~2mm 时稍作停留，防止产生咬边

1~2

（续）

图示	步骤及要求
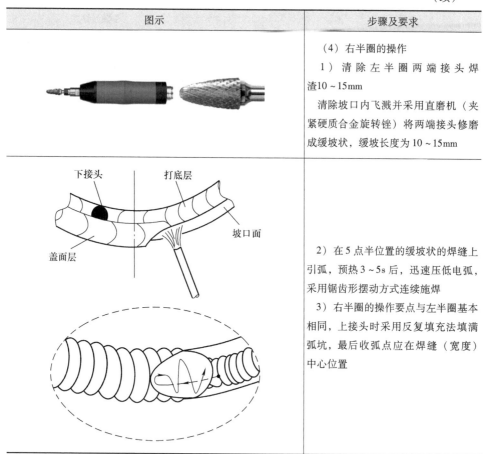	（4）右半圈的操作 1）清除左半圈两端接头焊渣10～15mm 清除坡口内飞溅并采用直磨机（夹紧硬质合金旋转锉）将两端接头修磨成缓坡状，缓坡长度为10～15mm
	2）在5点半位置的缓坡状的焊缝上引弧，预热3～5s后，迅速压低电弧，采用锯齿形摆动方式连续施焊 3）右半圈的操作要点与左半圈基本相同，上接头时采用反复填充法填满弧坑，最后收弧点应在焊缝（宽度）中心位置

八、ϕ108mm 低合金钢管 45°固定对接焊单面焊双面成形

1. 焊接特点

45°固定管焊接位置是介于水平固定管和垂直固定管之间的一种焊接位置，焊接时分为两个半圈进行。每个半圈都包括斜仰焊、斜立焊、斜平焊3种位置，这些因素均增加了试件施焊的难度，要求操作者具有较高操作水平，是操作难度较大的焊件之一。一般焊接时在时钟6点位置处开始焊接，在时钟12点位置处收弧。

2. 焊前准备

1）试件材质及尺寸：Q345钢管，ϕ108mm×5mm×100mm，数量两件，坡口面角度30°，如图2-42所示。

2）焊接材料：选用E5015碱性焊条；焊条直径为ϕ2.5mm。焊前应经350～400℃烘干，保温2h，烘干后的焊条应存放在100～150℃的保温箱或保温筒内随用随取。

3）焊接设备：ZX5 – 400 型直流弧焊机。

4）电源极性：直流反接。

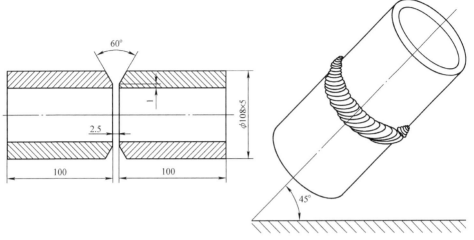

图 2-42　45°固定钢管对接试件装配示意图

5）焊接参数：45°固定钢管对接焊的焊接参数见表 2-23。

表 2-23　45°固定钢管对接焊的焊接参数

图示	焊接层次	焊条直径/mm	焊接电流/A	运条方法
	第 1 层（打底层）		80 ~ 85	灭弧法
	第 2 层（填充层）	2.5	75 ~ 80	锯齿形 月牙形
	第 3 层（盖面层）		65 ~ 75	反月牙形

6）辅助工具和量具：焊接试件时，需要使用的辅助工具和量具见表 2-8。

3. 操作步骤

45°固定钢管对接焊的操作步骤见表 2-24。

表 2-24　45°固定钢管对接焊的操作步骤

图示	步骤及要求
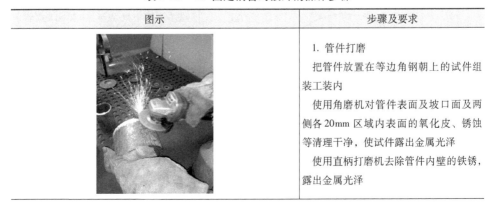	1. 管件打磨 把管件放置在等边角钢朝上的试件组装工装内 使用角磨机对管件表面及坡口面及两侧各 20mm 区域内表面的氧化皮、锈蚀等清理干净，使试件露出金属光泽 使用直柄打磨机去除管件内壁的铁锈，露出金属光泽

（续）

图示	步骤及要求
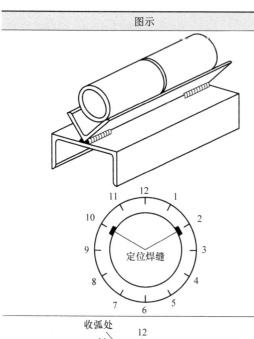	2. 试件组对及定位焊 （1）试件组对　把两个管子放置在等边角钢朝上的试件组装工装内，两个管子的坡口根部间隙预留量略大于2.5mm （2）装配间隙　上部（12点位置）2.5mm，下部（6点位置）2.0mm，放大上部间隙作为焊接时焊缝的收缩量。错边量≤0.5mm （3）定位焊　定位焊时的焊接电流为75～85A；使用ϕ2.5mm焊条在时钟2点钟和10点钟的位置分别进行定位焊；定位焊完成后将焊缝两端打磨成缓坡状 将试件倾斜45°固定在合适高度的焊接支架上待焊
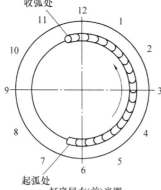 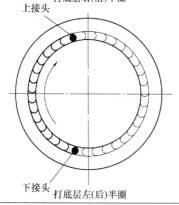	3. 打底层的焊接 打底焊即可采用灭弧焊法，也可采用连弧焊法。按照左、右两个半圈的步骤施焊 这里仅介绍灭弧焊法

焊接顺序表：

焊接顺序	时钟位置
先右半圈	6点半→3点→11点半
再左半圈	6点半→9点→11点半

（续）

图示	步骤及要求

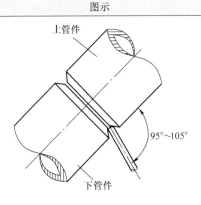

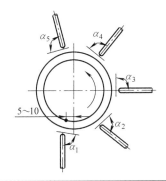

（1）焊条角度　焊接时，始终保持焊条与上管件角度控制在 95°～105°；右半圈时，焊条在各时间段与管件切线的角度

α 数值	对应角度
α_1	70°～80°
α_2	85°～105°
α_3	75°～85°
α_4	85°～90°
α_5	70°～80°

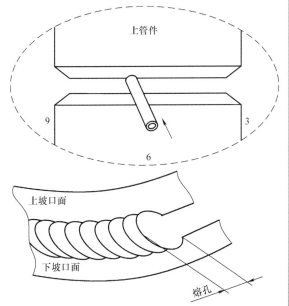

（2）右半圈的引弧和焊缝起头　打底焊时，在管子6点半位置处的上坡口侧引燃电弧，电弧向上顶送，击穿钝边，听到"噗噗"声后，稍稍停留，并迅速轻微摆动焊条从上坡口根部至下坡口根部，形成第一个熔孔时焊条朝5点方向迅速灭弧

熔孔保持熔化坡口每侧 0.5～1mm 为宜

（续）

图示	步骤及要求
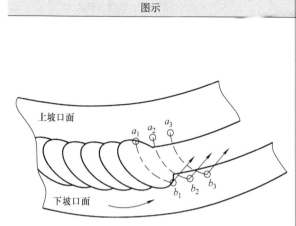	（3）运条方式　形成熔孔后，采用灭弧焊法向上施焊。焊条采用月牙形或锯齿形方式做横向摆动 焊条在上坡口 a 点处起弧，稍作停留，迅速通过坡口间隙。焊条摆动到 b 点后，稍作停留，沿箭头方向灭弧 灭弧后焊条迅速摆动到上坡口，待熔池变暗，重新引弧，新的熔孔形成后，再灭弧

（4）灭弧频率　灭弧应迅速、干脆，切忌拖泥带水，灭弧与接弧时间要短。为控制坡口内焊缝厚度，避免内凹和焊瘤的产生，不同焊接位置的灭弧频率是不同的。灭弧频率见下表

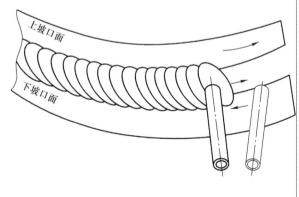

时钟位置	焊接位置	灭弧频率/ （次/min）
5~7 点	斜仰焊位置	30~35
7~8 点 5~4 点	斜仰位 爬坡焊位置	35~40
8~10 点 4~2 点	斜立焊位置	40~50
10~11 点半 12~1 点半	斜立位 爬坡焊位置	40~35
11 点半~ 1 点半	斜平焊位置	35~30

（续）

图示	步骤及要求
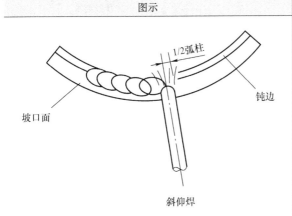 斜仰焊 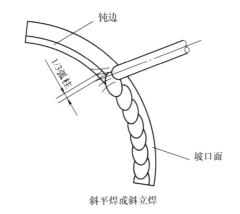 斜平焊或斜立焊	（5）弧柱透过量 打底层时，弧柱透过焊缝背面的多少，应根据焊接位置来确定 焊接斜仰焊区间时，由于熔池自重的作用，坡口内部的焊缝金属较多。为减少坡口内的金属量，减少焊缝背面内凹量，焊接时应尽量将焊条顶向根部，1/2的弧柱在新熔池燃烧，另1/2的弧柱通过根部间隙到达焊缝背面。这样一方面可减少坡口内焊缝金属厚度，另一方面可增加背面焊缝余高，避免管内凹陷缺陷产生 焊接斜立焊和斜平焊区间时，焊条顶送量应逐渐减小，2/3的弧柱在新熔池燃烧，1/3的弧柱到达焊缝背面。这样一方面可控制坡口内焊缝金属厚度，另一方面可减小背面焊缝余高
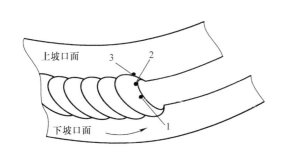	（6）换焊条前的操作 焊条更换前，如操作不当打底层焊缝正面或背面易产生裂纹和冷缩孔 收弧时，应压低电弧；为避免裂纹和冷缩孔产生，应对熔池末端补充2～3个熔滴 熔滴应由熔池中心向熔池边缘补充。完成前一个熔滴的补充后迅速灭弧，停弧0.5s左右再补充后一个熔滴。熔滴的补充应在上坡口侧

（续）

图示	步骤及要求
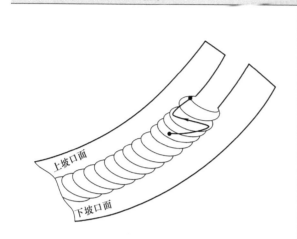	（7）焊缝的接头　焊缝的接头分热接接头法和冷接接头法 　　热接接头法是快速更换焊条后，在熔池仍处于红热状态的情况下，焊条在收弧点后方 5～10mm 位置引弧，向前运条，电弧移动到（上坡口侧）熔池前端部位处，轻轻压向（或顶向）坡口根部，待听到击穿坡口根部的"噗"声后，转入正常的打底层焊接 　　冷接接头法按热接接头法的引弧、击穿操作方法施焊，区别就是在施焊前将收弧处熔池打磨或錾削成缓坡状。缓坡状长度为 5～10mm
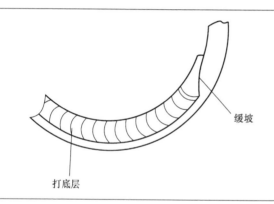	（8）左圈打底层的焊接 　1）上、下接头处焊缝的修磨。左半圈的焊接与右半圈基本相同，但焊前应对下接头（斜仰焊位）和上接头（斜平焊位）修磨成缓坡状。可使用尖錾、角磨机、直磨机等工具来实现
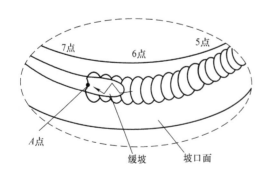	2）斜仰焊和斜平焊位置的接头 　①斜仰焊位置在接头 6 点处引弧，以较慢速度和连弧方式把缓坡焊满，当焊至接头末端 A 点时，焊条向上顶，使电弧穿透坡口根部，并有"噗噗"声后，恢复原来的正常手法，之后，再按右半圈方法施焊 　②斜平焊位置接头　当施焊到 11 点半时，接头的方式与点固焊相接的操作方式相同

（续）

图示	步骤及要求

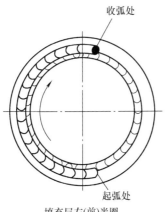
填充层左(前)半圈

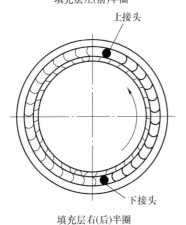
填充层右(后)半圈

4. 填充层的焊接

先清除打底层焊缝焊渣、飞溅，并将焊缝接头处过高部分打磨平整

焊接填充层时，应严格控制电弧长度，采用连弧焊法施焊。按照左、右两个半圈的步骤施焊，打底层的起弧和收尾与盖面层的起弧和收尾应错开，这样可减少缺陷的产生和同区域的集聚

焊接顺序	时钟位置
先左半圈	5 点半→9 点→11 点半
再右半圈	5 点半→3 点→11 点半

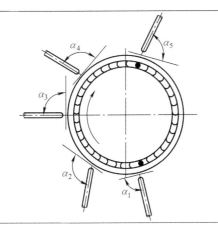

（1）焊条角度　焊接时，始终保持焊条与上管件角度控制在 95°～105°；左半圈时，焊条在各时间段位置与管件切线的角度见下表

α 数值	对应角度
α_1	85°～90°
α_2	100°～105°
α_3	90°～95°
α_4	95°～85°
α_5	80°～75°

（续）

图示	步骤及要求
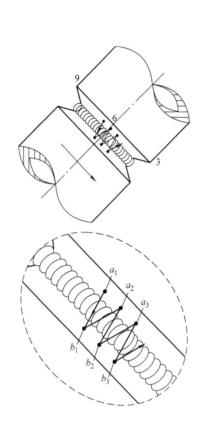 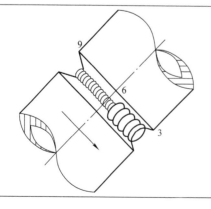	（2）运条方式　焊接过程要经过斜仰焊、斜立焊、斜平焊等焊接位置的变化，可采用锯齿形或月牙形方式运条 　　焊接填充层时，焊条的摆动宽度控制在 6～7mm，熔池宽度较小，此时可采用直拉法运条方式施焊 　　所谓直拉法运条就是在焊接过程中，以月牙形或锯齿形运条法沿管子轴线方向上下摆动施焊的一种方法 　　在时钟6点半位置处引弧，拉长电弧后对上坡口与打底层焊缝交界位置预热5s左右，然后迅速压低电弧，以短弧方式施焊 　　施焊时，电弧在 a_1 点位置稍作停留，采用直拉法运条方式迅速通过打底层焊缝中间，摆动到 b_1 点位置并稍作停留，然后再摆动 $a_2 \rightarrow b_2 \rightarrow a_3 \rightarrow b_3$……如此上下摆动连续施焊 　　摆动过程中应注意"齿距"宽度。所谓"齿距"就是焊缝同侧相邻两点的距离，即 a_1 点与 a_2 点（或者 b_1 点与 b_2 点）的距离 　　"齿距"过密，熔池温度高，则焊缝易"下坠"；"齿距"过疏，则焊缝易"脱节" 　　一般以后一个熔池覆盖前一个熔池的 1/2 为宜

（续）

图示	步骤及要求
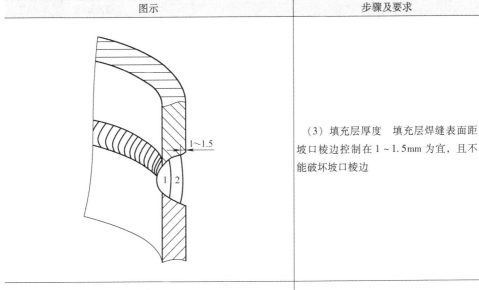	（3）填充层厚度 填充层焊缝表面距坡口棱边控制在 1～1.5mm 为宜，且不能破坏坡口棱边
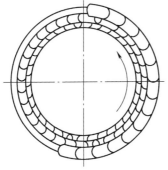 盖面层右(前)半圈 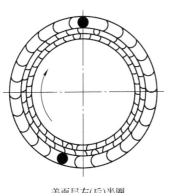 盖面层左(后)半圈	盖面层的焊接：清除焊缝焊渣、飞溅，并将焊缝接头处过高部分打磨平整 盖面层时，严格控制电弧长度，采用连弧焊法施焊。按照左、右两个半圈的步骤施焊 | 焊接顺序	时钟位置
先左半圈	6 点半→3 点→12 点
再右半圈	6 点半→9 点→12 点 | （1）焊条角度 与填充层的角度一致

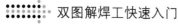
（续）

图示	步骤及要求
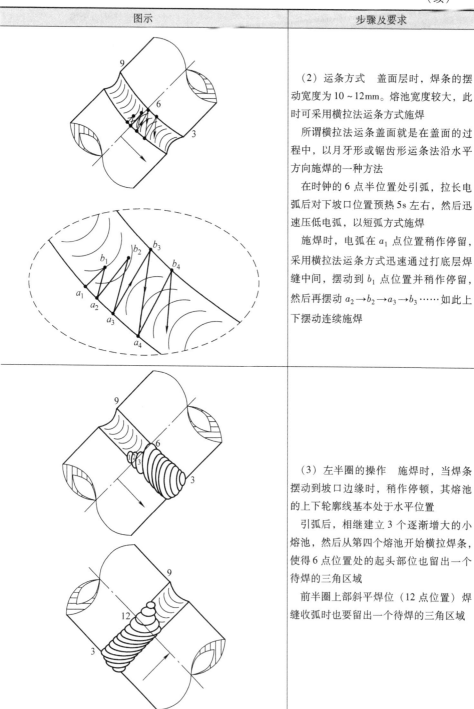	（2）运条方式　盖面层时，焊条的摆动宽度为 10～12mm。熔池宽度较大，此时可采用横拉法运条方式施焊 所谓横拉法运条盖面就是在盖面的过程中，以月牙形或锯齿形运条法沿水平方向施焊的一种方法 在时钟的 6 点半位置处引弧，拉长电弧后对下坡口位置预热 5s 左右，然后迅速压低电弧，以短弧方式施焊 施焊时，电弧在 a_1 点位置稍作停留，采用横拉法运条方式迅速通过打底层焊缝中间，摆动到 b_1 点位置并稍作停留，然后再摆动 $a_2 \rightarrow b_2 \rightarrow a_3 \rightarrow b_3$……如此上下摆动连续施焊
	（3）左半圈的操作　施焊时，当焊条摆动到坡口边缘时，稍作停顿，其熔池的上下轮廓线基本处于水平位置 引弧后，相继建立 3 个逐渐增大的小熔池，然后从第四个熔池开始横拉焊条，使得 6 点位置处的起头部位也留出一个待焊的三角区域 前半圈上部斜平焊位（12 点位置）焊缝收弧时也要留出一个待焊的三角区域

（续）

图示	步骤及要求
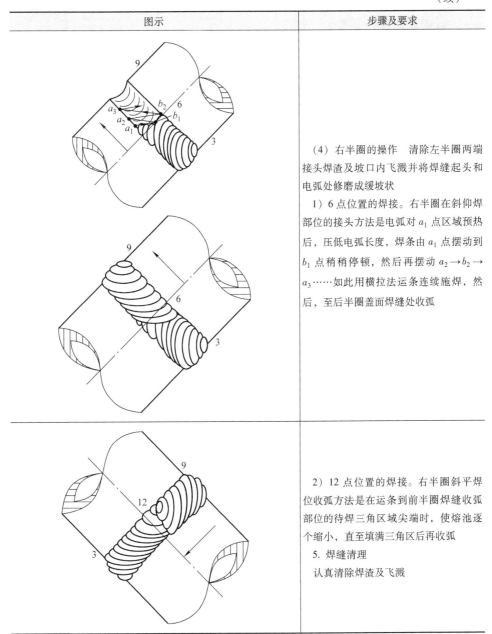	（4）右半圈的操作　清除左半圈两端接头焊渣及坡口内飞溅并将焊缝起头和电弧处修磨成缓坡状 1）6点位置的焊接。右半圈在斜仰焊部位的接头方法是电弧对 a_1 点区域预热后，压低电弧长度，焊条由 a_1 点摆动到 b_1 点稍稍停顿，然后再摆动 $a_2 \rightarrow b_2 \rightarrow a_3$ ……如此用横拉法运条连续施焊，然后，至后半圈盖面焊缝处收弧 2）12点位置的焊接。右半圈斜平焊位收弧方法是在运条到前半圈焊缝收弧部位的待焊三角区域尖端时，使熔池逐个缩小，直至填满三角区后再收弧 5. 焊缝清理 　认真清除焊渣及飞溅

第三章

熔化极气体保护焊操作技能训练

第一节　熔化极气体保护焊概述

一、原理和分类

1. 熔化极气体保护焊

熔化极气体保护焊是利用焊丝与熔池之间的电弧作热源，利用外加气体对电弧和熔池进行保护，且不使用任何外加压力的一种电弧焊方法。连续送进的焊丝金属不断熔化并过渡到熔池与熔化的母材金属熔合形成焊缝金属，从而使工件连接起来。熔化极气体保护焊原理如图3-1所示。

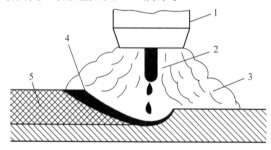

图 3-1　熔化极气体保护焊原理

1—焊枪　2—丝极　3—保护气　4—液态焊缝金属　5—固态焊缝金属

2. 熔化极气体保护焊分类

根据焊丝和保护气体的种类不同，熔化极气体保护焊的分类见表3-1。

二、熔化极气体保护焊（MIG/MAG 焊）的特点

1）MIG/MAG 焊采用明弧焊，一般不必用焊剂，故熔池可见度好，便于操作。

表 3-1　熔化极气体保护焊的分类

焊接工艺	缩写	ISO 4063	备注
熔化极气体保护焊	MSG	13	—
熔化极活性气体保护焊	MAG	135	主要是以 Ar 为主的混合气体
熔化极惰性气体保护焊	MIG	131	惰性保护气体（Ar 和 He）
药芯焊丝活性气体保护焊	—	136	主要是以 Ar 为主的混合气体或纯 CO_2
药芯焊丝惰性气体保护焊	—	137	惰性保护气体
CO_2 气体保护焊	MAG – C	—	纯 CO_2
混合气体保护焊	MAG – M	—	主要是以 Ar 为主的混合气体
自保护药芯焊丝电弧焊	MF	114	药芯焊丝自保护
气电立焊	MSG – G	73	在立焊位置
等离子－熔化极气体保护焊	MSG – P	151	等离子和熔化极气体保护焊复合
MIG/MAG 定位焊	—	—	短时间焊接

2）MIG/MAG 焊几乎可以焊接所有可焊接的材料。MAG 焊（活性 CO_2 和氧气）主要用于碳钢和合金钢的焊接；MIG 焊主要用于铝、铜、镍、钛、镁等非铁金属的焊接。

3）MIG/MAG 焊易于实现机械化、自动化焊接；可实现高速度和高熔敷率焊接及各种厚度、接头形式和各种位置的焊接。

4）在室外作业时必须有专门的防风措施，否则会影响保护效果；电弧的光辐射较强；焊接设备较复杂。

三、熔化极气体保护焊（MIG/MAG 焊）熔滴过渡形式

MIG/MAG 焊电弧形态和金属熔滴过渡受焊接电流大小和种类、焊丝直径、焊丝化学成分、保护气体等因素影响。

MIG/MAG 焊电弧、金属熔滴过渡形式及应用说明见表 3-2。

表 3-2　MIG/MAG 焊电弧、金属熔滴过渡形式及应用说明

电弧形态	应用	熔滴过渡形式	飞溅	备注
MIG/MAG 短弧	薄板所有焊缝中间层焊缝板管的根部焊缝	短路过渡熔滴均匀细小	适宜电流条件下较小	低热输入 低熔敷率
MIG/MAG 过渡电弧	中板厚，中间层焊缝	部分短路过渡部分非短路过渡	较大	较高熔敷率
MIG/MAG 喷射电弧	中板厚和厚板的平焊、平角焊位置	非短路过渡均匀细小熔滴	小	高熔敷率
MAG 长弧（纯 CO_2 或大量 CO_2 保护气体）	中板厚和厚板的平焊、平角焊位置	不规则短路过渡大熔滴	较大	高熔敷率
脉冲电弧	较大工作范围	无短路过渡每个脉冲一个熔滴	很小	可控制热输入

第二节　熔化极气体保护焊焊接基本操作要点及注意事项

1）检查送丝系统：确保送丝无阻。

2）检查焊枪：检查导电嘴是否磨损，若超标则更换；检查出气孔是否出气通畅。

3）检查供气系统：检查减压器及流量计是否工作正常；检查气体压力，压力降至 0.2MPa 时禁止使用。

4）检查焊材：检查焊丝，确保外表光泽，无锈迹、油污和磨损。

5）检查施焊环境：确保施焊场地周围风速小于 2.0m/s。

6）焊前准备工件表面：焊前清除焊缝两侧 20mm 以内的油污、水、锈等，直至露出金属光泽（表3-3 和表3-4）。

表3-3　焊前准备（低合金钢件）

图示	步骤及要求
	使用风动工具打磨
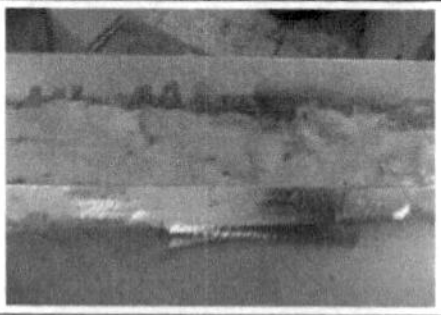	消除焊缝区域（坡口及其两侧 20mm 范围内）的油、锈及其他污物，直至露出金属光泽
	调平，防止错边

表3-4　焊前准备（铝合金件）

图示	步骤及要求
	用异丙醇清洁焊缝区域（坡口及其两侧正反两面 20mm 范围内）的油、锈及其他污物

（续）

图示	步骤及要求
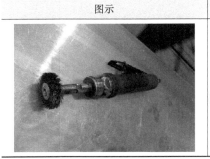	使用风动抛光机工具、不锈钢丝轮抛光焊缝区域，直至露出金属光泽

7）接头打磨：消除焊后收弧处的弧坑裂纹、收缩孔，斜坡长度为 10 ~ 15mm，呈缓坡形状，便于接头背面焊透及熔合（表3-5）。

表 3-5　接头打磨

图示	步骤及要求
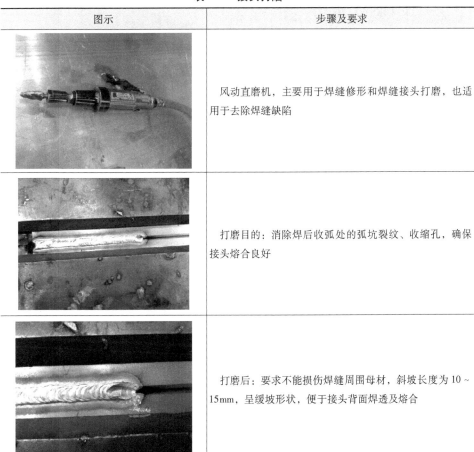	风动直磨机，主要用于焊缝修形和焊缝接头打磨，也适用于去除焊缝缺陷
	打磨目的：消除焊后收弧处的弧坑裂纹、收缩孔，确保接头熔合良好
	打磨后：要求不能损伤焊缝周围母材，斜坡长度为 10 ~ 15mm，呈缓坡形状，便于接头背面焊透及熔合

8）检查焊接参数：严格按工艺文件、焊接规范进行施焊，防止烧穿、未熔合等。

9）焊前将焊丝端头剪除，易于引弧，保证引弧过程稳定（表 3-6）。

表 3-6　剪除焊丝端头

图示	步骤及要求
	易于引弧，保证引弧过程稳定

10）焊接起弧要饱满，防止余高过大、焊缝过窄。

11）焊接收弧处多点几次，避免弧坑裂纹。

12）多层焊时，焊前及焊接过程中，要考虑层道数，控制层间温度。

13）焊机品牌：低合金钢件使用松下 PANA　AUTO KR Ⅱ 350 焊机等；铝合金、不锈钢件使用福尼斯 Fronius TPS 3200－5000 焊机（表 3-7 和表 3-8）。

表 3-7　低合金钢件使用松下 PANA　AUTO KR Ⅱ 350 焊机

图示	步骤及要求
	焊前检查焊接设备的性能，并确定所需要的焊接参数

14）最合适的观察位置：焊接前，焊工身体的中轴线应处于板状焊件（300mm 长）的收弧端，这样，易于始终观察熔池，且利于焊接过程中保持焊枪角度一致。否则，焊接到焊件的后 1/3 区域时将逐渐无法顺利观察到焊道和熔

池。为看清楚焊道和熔池，喷嘴必然倾斜，这样焊枪角度自然会发生变化，最终影响焊缝成形。

表 3-8 铝合金、不锈钢件使用福尼斯 Fronius TPS 3200 – 5000 焊机

图示	步骤及要求
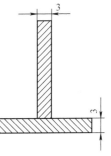	焊前检查焊接设备的性能，并确定所需要的焊接参数

第三节 低合金钢焊接试件的训练

一、板厚 3mm 低合金钢 T 形接头平角焊

1. 焊前准备

1）试件材质：Q345 钢板。

2）试件尺寸及数量：$300\text{mm} \times 125\text{mm} \times 3\text{mm}$，两件，Ⅰ形坡口。

3）试件装配及相关尺寸如图 3-2 所示。

4）焊接材料：焊丝为 THQ – G2Si，焊丝直径为 $\phi 1.0\text{mm}$，保护气体为 Ar（体积分数 80%） + CO_2（体积分数 20%）。

5）焊接设备：松下 PANA AUTO KRⅡ350。

6）焊接参数：平角焊焊接参数见表 3-9。

图 3-2 平角焊试件装配示意图

表 3-9 平角焊焊接参数

图示	焊接层次	焊丝直径/mm	焊丝伸出长度/mm	焊接电流/A	焊接电压/V	焊接速度/(mm/s)	气体流量/(L/min)
	1 层 1 道	1.0	10 ~ 12	150 ~ 180	18 ~ 20	4 ~ 7	15 ~ 18

2. 操作步骤

平角焊操作步骤见表3-10。

表3-10　平角焊操作步骤

图示	步骤及要求
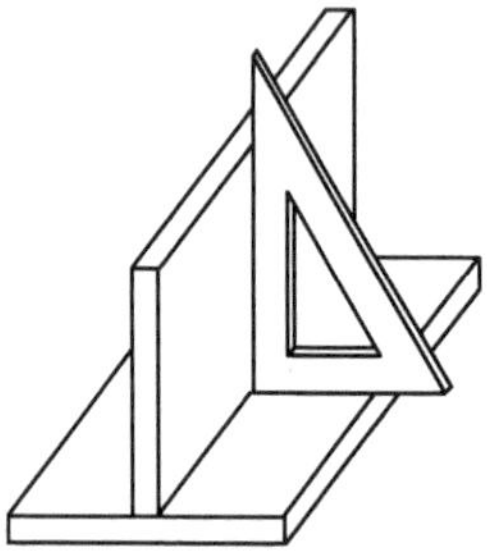	装配间隙≤0.5mm，两板应互相垂直
	定位焊≤10mm，定位焊时的焊接电流比正式焊接时的焊接电流大10%～15%，定位焊焊在焊缝背面处，对定位焊质量要求与正式焊接质量检验标准一样
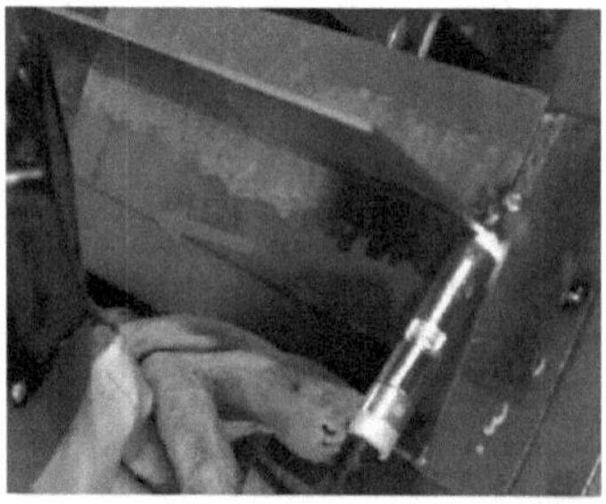	焊接方向从右往左，便于操作
	工作角度为45°，可防止焊脚单边。焊丝指向焊脚根部，可有效防止焊脚单边

（续）

图示	步骤及要求
	前进角度为 $70° \sim 80°$，前进角度过大，熔化金属容易"流到"熔池前面产生未熔合、熔深不足缺陷
1 3 2 5 4 7 6 8	单层单道焊，采用往返运条方式，焊接前必须预先模拟焊接试运行，待准备充分以后再开始焊接，焊丝对准焊脚根部，匀速前进，焊接过程中注意观察熔池与母材的熔合状态、焊脚边缘整齐度
	清除焊接飞溅，用钢丝刷将焊缝及附近的黑灰清理干净；考试试件不允许对各种焊接缺陷进行修补，焊缝应处于原始状态

二、板厚 3mm 低合金钢板对接平焊单面焊双面成形

1. 焊前准备

1）试件材质：Q345 钢板。

2）试件尺寸及数量：$300mm \times 125mm \times 3mm$，两件，Ⅰ形坡口。

3）试件装配及相关尺寸如图 3-3 所示。

4）焊接材料：焊丝为 THQ - G2Si，焊丝直径为 $\phi1.0mm$；保护气体为 Ar（体积分数 80%）＋ CO_2（体积分数 20%）。

5）焊接设备：松下 PANA AUTO KR350。

6）技术要求：单面焊、双面成形。

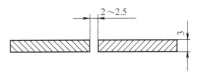

图 3-3 对接平焊位试件装配示意图

7）焊接参数：平焊焊接参数见表3-11。

表3-11　平焊焊接参数

图示	焊接层次	焊丝直径/mm	焊丝伸出长度/mm	焊接电流/A	焊接电压/V	焊接速度/（mm/s）	气体流量/（L/min）
	1层1道	1.0	10～12	80～100	17～19	4～7	15～18

2. 操作步骤

对接平焊操作步骤见表3-12。

表3-12　对接平焊操作步骤

图示	步骤及要求
	将直径φ1.2mm焊丝夹在两试板之间，装配间隙始焊端为2.0mm，终焊端为2.5mm
	定位焊≤10mm。定位焊焊在背面焊缝处，对定位焊缝质量要求与正式焊缝一样，并对定位焊进行修磨3～5mm，呈缓坡状
	焊接方向从右往左。优点：喷嘴不会挡住视线，能够清楚地看见焊缝，不容易焊偏，并且熔池受到的电弧吹力小，能够得到较大熔宽，焊缝成形美观

（续）

图示	步骤及要求
	前进角度为 70°～80°
	工作角度为 90°，焊丝指向间隙中心
	将试件间隙小的一端放在右侧，采用直线运条或直线停顿运条方法，焊丝指在熔池前端，焊接时电弧一半在熔池，一半在两板之间穿透间隙，保证焊丝伸出长度一致，匀速前进
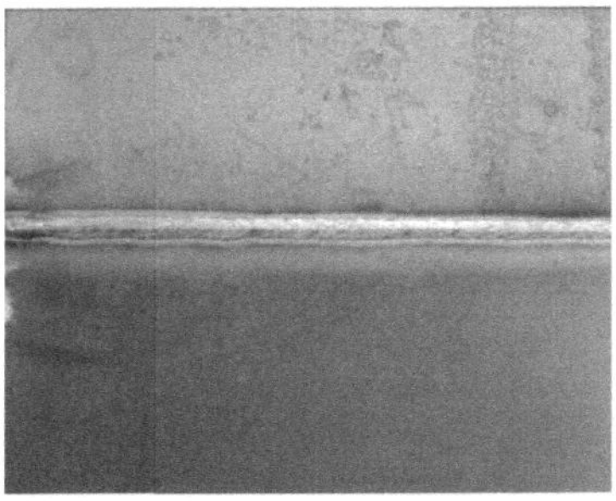	正面焊缝波纹细密、均匀，高低宽度差一致

（续）

图示	步骤及要求
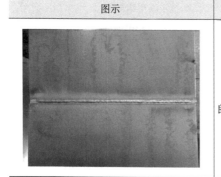	焊缝反面成形美观、余高一致，起弧和收弧接头处熔合良好

三、板厚 3mm 低合金钢 T 形接头向上立焊角焊

1. 焊前准备

1）试件材质：Q345 钢板。

2）试件尺寸及数量：300mm × 125mm × 3mm，两件，I 形坡口。

3）试件装配及相关尺寸如图 3-4 所示。

4）焊接材料：焊丝为 THQ – G2Si，焊丝直径为 ϕ1.0mm；保护气体为 Ar（体积分数 80%）＋ CO_2（体积分数 20%）。

5）焊接设备：松下 PANA AUTO KR350。

6）焊接参数：向上立焊角焊焊接参数见表 3-13。

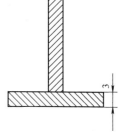

图 3-4　向上立焊角焊试件装配示意图

表 3-13　向上立焊角焊焊接参数

图示	焊接层次	焊丝直径/mm	焊丝伸出长度/mm	焊接电流/A	焊接电压/V	焊接速度/(mm/s)	气体流量/(L/min)
	1 层 1 道	1.0	10 ～ 12	100 ～ 120	18 ～ 20	4 ～ 7	15 ～ 18

2. 操作步骤

向上立焊角焊操作步骤见表 3-14。

表 3-14　向上立焊角焊操作步骤

图示	步骤及要求
	装配间隙≤0.5mm，两板垂直
	定位焊≤10mm。定位焊焊在焊缝背面处，对定位焊缝质量要求与正式焊接一样
	焊接方向从下向上焊接
	工作角度为45°，焊丝指向焊脚根部
	前进角度为70°~80°

（续）

图示	步骤及要求
	单层单道焊，采用锯齿形运条，因重力原理，熔池极易下塌，焊缝呈中间高、两边低形状，所以采用两边稍停，中间快速过渡的运条方法。同时注意两边焊丝所指位置，防单边缺陷及边缘不齐
	清除焊接飞溅、黑灰；焊缝波纹细密，不单边，焊脚尺寸及内部熔深达到图样要求

四、板厚3mm低合金钢板对接横焊单面焊双面成形

1. 焊前准备

1）试件材质：Q345钢板。

2）试件尺寸及数量：300mm×125mm×3mm，两件，Ⅰ形坡口。

3）试件装配及相关尺寸如图3-5所示。

图 3-5　对接横焊试件装配示意图

4）焊接材料：焊丝为THQ-G2Si，焊丝直径ϕ1.0mm；保护气体Ar（体积分数80%）+ CO_2（体积分数20%）。

5）焊接设备：松下PANA AUTO KR350。

6）技术要求：单面焊、双面成形。

7）焊接参数：对接横焊焊接参数见表3-15。

2. 操作步骤

对接横焊操作步骤见表3-16。

表 3-15 对接横焊焊接参数

图示	焊接层次	焊丝直径/mm	焊丝伸出长度/mm	焊接电流/A	焊接电压/V	焊接速度/(mm/s)	气体流量/(L/min)
	1 层 1 道	1.0	10 ~ 12	80 ~ 100	17 ~ 19	4 ~ 7	15 ~ 18

表 3-16 对接横焊操作步骤

图示	步骤及要求
	将 ϕ1.2mm 焊丝夹在两试板之间，装配间隙始焊端为 2.0mm，终焊端为 2.5mm
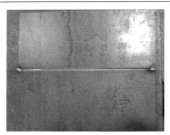	定位焊≤10mm，定位焊焊在背面焊缝处，对定位焊缝质量要求与正式焊接一样，并对定位焊缝修磨 3mm，呈缓坡状，易于接头熔合
	焊接方向从右往左
	前进角度为 70° ~ 80°

（续）

图示	步骤及要求
	工作角度为90°，焊丝指向间隙中心
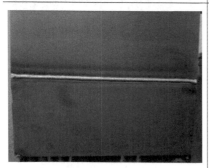	将试件间隙小的一端放在右侧，采用直线停顿方法运条，焊丝指在熔池前端，焊接时电弧一半在熔池，一半在两板之间穿透间隙，保证焊丝伸出长度一致，匀速"前进、停顿、前进……"焊接
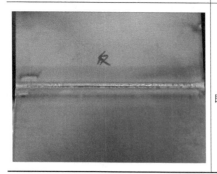	正面焊缝波纹细密、均匀，高低宽度差一致，不下塌
	焊缝反面成形美观、余高一致，起弧和收弧接头处熔合良好

五、板厚 **12mm** 低合金钢板对接向上立焊单面焊双面成形

1. 焊前准备

1）试件材质：Q345 钢板。

2）试件尺寸及数量：300mm × 125mm × 12mm，两件，60°坡口。

图 3-6 对接向上立焊试件装配示意图

3）试件装配及相关尺寸如图 3-6 所示。

4）焊接材料：焊丝为 THQ – G2Si，焊丝直径为 $\phi 1.0$mm ；保护气体为 Ar（体积分数80%） + CO_2（体积分数20%）。

5）焊接设备：松下 PANA AUTO KR350。

6）技术要求：单面焊、双面成形。

7）焊接参数：对接向上立焊焊接参数见表 3-17。

表 3-17 对接向上立焊焊接参数

图示	焊接层次	焊丝直径/mm	焊丝伸出长度/mm	焊接电流/A	焊接电压/V	焊接速度/（mm/s）	气体流量/（L/min）
	打底层			90 ~ 110	17 ~ 19		
	填充层	1.0	10 ~ 12	120 ~ 140	19 ~ 20	4 ~ 7	15 ~ 18
	盖面层			100 ~ 120	18 ~ 19		

2. 操作步骤

对接向上立焊操作步骤见表 3-18。

表 3-18 对接向上立焊操作步骤

图示	步骤及要求
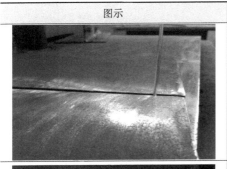	将 $\phi 2.0$mm 焊丝夹在两试板之间，装配间隙始焊端为 2.5mm，终焊端为 3.0mm
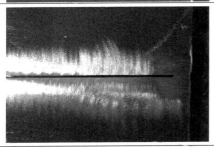	定位焊≤15mm。定位焊在背面焊缝处，对定位焊缝质量要求与正式焊接一样，并对定位焊缝修磨 5mm，呈缓坡状，易于接头熔合

（续）

图示	步骤及要求
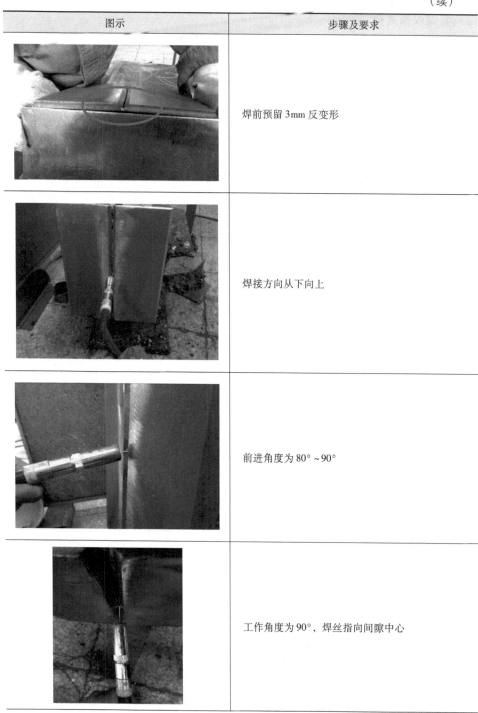	焊前预留 3mm 反变形
	焊接方向从下向上
	前进角度为 80°～90°
	工作角度为 90°，焊丝指向间隙中心

（续）

图示	步骤及要求
	打底层焊接时，将试件间隙小的一端放在下方，采用电弧始终在坡口内作小幅度横向摆动，并在坡口两侧稍微停留的方法。焊接过程中要特别注意熔池和熔孔的变化，尽可能维持两边熔孔直径比间隙大 0.5 ～ 1mm，控制电弧在离底边 2 ～ 3mm 处燃烧。保证打底层平直、两边无沟槽、厚度不超过 5mm
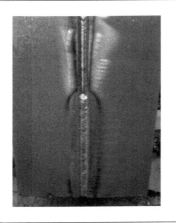	填充层焊接时，焊前先清除打底层焊道和坡口表面的飞溅、焊渣。焊枪作 "Z" 字形运条，中间快、两边停，注意层间及两边熔合好，保证焊道表面平整并稍下凹，高度低于母材表面 1.5 ～ 2mm，不允许烧化坡口原始棱边，给盖面层焊接创造良好的施焊环境
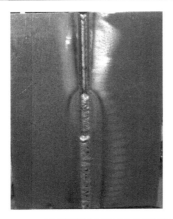	盖面层焊接时，焊枪作锯齿形运条，要求熔池呈椭圆形状，保持喷嘴高度，焊丝指在超过坡口棱边 0.5mm 处，两边停顿，防止咬边。保持焊速均匀，使焊缝成形美观。收弧时一定要填满弧坑，并且收弧弧长要短，待熔池凝固后才能移开焊枪，以免产生气孔

（续）

图示	步骤及要求
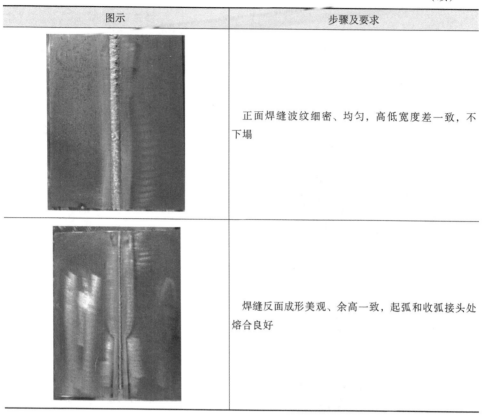	正面焊缝波纹细密、均匀，高低宽度差一致，不下塌
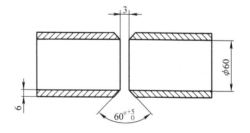	焊缝反面成形美观、余高一致，起弧和收弧接头处熔合良好

六、φ60mm 低合金钢管水平固定对接单面焊双面成形

1. 焊前准备

1）试件材质：Q345 钢管。

2）试件尺寸及数量：200mm × 6mm × φ60mm，两件，60°坡口。

3）试件装配及相关尺寸如图 3-7 所示。

4）焊接材料：焊丝为 THQ - G2Si，焊丝直径为 φ1.0mm；保护气体为 Ar（体积分数80%） + CO_2（体积分数 20%）。

图 3-7　水平固定对接焊试件装配示意图

5）焊接设备：松下 PANA AUTO KR350。

6）技术要求：单面焊、双面成形。

7）焊接参数：水平固定对接焊焊接参数见表 3-19。

表 3-19 水平固定对接焊焊接参数

图示	焊接层次	焊丝直径/mm	焊丝伸出长度/mm	焊接电流/A	焊接电压/V	焊接速度/（mm/s）	气体流量/（L/min）
	打底层	1.0	10 ~ 12	80 ~ 100	17 ~ 19	4 ~ 7	15 ~ 18
	盖面层			100 ~ 120			

2. 操作步骤

水平固定对接焊操作步骤见表 3-20。

表 3-20 水平固定对接焊操作步骤

图示	步骤及要求
	将 φ1.2mm 焊丝夹在两管之间，装配间隙始焊端为 2.5mm，终焊端为 3.0mm
	定位焊≤10mm，定位焊缝共两处，一处在时钟 2 点位置，一处在时钟 10 点位置，定位焊焊在正面焊缝处，对定位焊缝质量要求与正式焊接一样，并对定位焊缝修磨 3mm，呈缓坡状，易于接头熔合
	焊接方向从下往上。前进角度为 80°~90°。工作角度为 90°，焊丝指向间隙中心

（续）

图示	步骤及要求
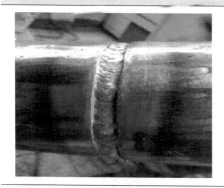	打底层始焊点应在 5 点位置，顺时针焊接，采用灭弧法。为保证焊缝背面成形，焊接过程中，注意熔孔直径比间隙大 0.5～1.0mm，焊枪角度跟随管子圆弧不断调整
	盖面层：控制层间温度为 60～100℃，始焊点与打底层错开，采用灭弧法，为防止铁液下坠，熔池应呈水平方向，椭圆形状
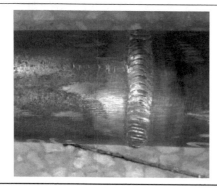	正面焊缝波纹细密、均匀，高低宽度差一致，不下塌。焊缝反面成形美观、余高一致，起弧和收弧接头处熔合良好

第四节　铝合金焊接试件的训练

一、板厚 3mm 铝合金板 T 形接头平角焊

1. 焊前准备

1）试件材质：6082 铝合金板。

2）试件尺寸及数量：300mm×100mm×3mm，两件，I形坡口。

3）试件装配及相关尺寸如图3-8所示。

4）焊接材料：焊丝为 ER 5087，直径为 φ1.2mm；保护气体为高纯氩，≥99.999%（体积分数）。

5）焊接设备：Fronius TPS 5000。

6）焊接参数：平角焊焊接参数见表3-21。

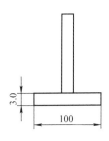

图3-8　平角焊试件装配示意图

表3-21　平角焊焊接参数

图示	焊接层次	焊丝直径/mm	焊丝伸出长度/mm	焊接电流/A	焊接电压/V	焊接速度/(mm/s)	气体流量/(L/min)
	1层1道	1.2	10～12	140～160	18～20	4～7	20～23

2. 操作步骤

平角焊操作步骤见表3-22。

表3-22　平角焊操作步骤

图示	步骤及要求
	装配间隙≤0.5mm，两板垂直
	定位焊≤10mm，定位焊焊在焊缝背面处，对定位焊缝质量要求与正式焊接一样

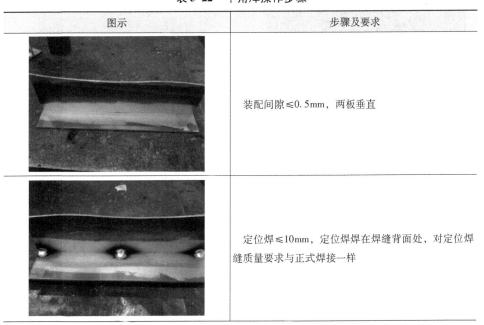

（续）

图示	步骤及要求
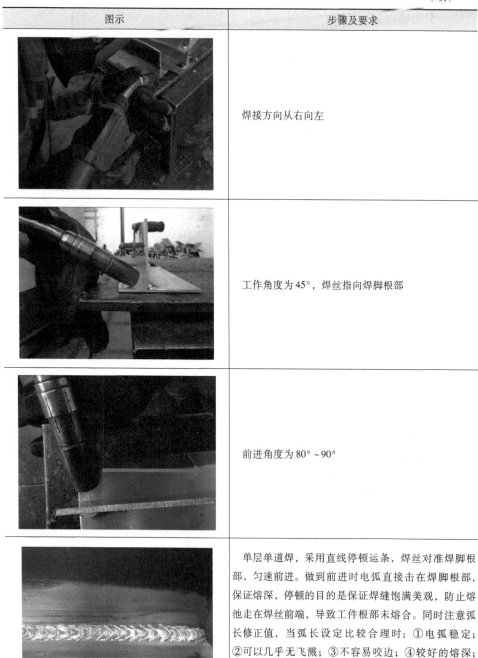	焊接方向从右向左
	工作角度为45°，焊丝指向焊脚根部
	前进角度为80°~90°
	单层单道焊，采用直线停顿运条，焊丝对准焊脚根部，匀速前进。做到前进时电弧直接击在焊脚根部，保证熔深，停顿的目的是保证焊缝饱满美观，防止熔池走在焊丝前端，导致工件根部未熔合。同时注意弧长修正值，当弧长设定比较合理时：①电弧稳定；②可以几乎无飞溅；③不容易咬边；④较好的熔深；⑤热输入量适中；⑥焊接速度可灵活变化、可操作性好

（续）

图示	步骤及要求
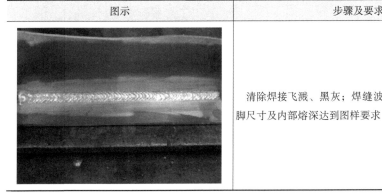	清除焊接飞溅、黑灰；焊缝波纹细密，不单边，焊脚尺寸及内部熔深达到图样要求

二、板厚 3mm 铝合金板对接横焊

1. 焊前准备

1）试件材质：6082 铝合金板。

2）试件尺寸及数量：300mm × 100mm ×3mm，两件，45°坡口。

3）试件装配及相关尺寸如图 3-9 所示。

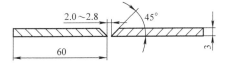

图 3-9　对接横焊试件装配示意图

4）焊接材料：焊丝为 ER 5087，焊丝直径为 ϕ1.2mm；保护气体为高纯氩，≥99.999%（体积分数）。

5）焊接设备：Fronius TPS 5000。

6）技术要求：单面焊、双面成形。

7）焊接参数：对接横焊焊接参数见表 3-23。

表 3-23　对接横焊焊接参数

图示	焊接层次	焊丝直径/mm	焊丝伸出长度/mm	焊接电流/A	焊接电压/V	焊接速度/（mm/s）	气体流量/（L/min）
	1 层 1 道	1.2	10 ~ 12	90 ~ 110	17 ~ 19	4 ~ 7	15 ~ 18

2. 操作步骤

对接横焊操作步骤见表 3-24。

表 3-24 对接横焊操作步骤

图示	步骤及要求
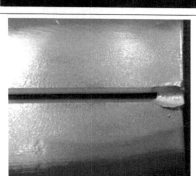	将 $\phi2.0$mm 焊丝夹在两试板之间，装配间隙始焊端为 2.0mm，终焊端为 2.8mm，钝边为 1mm
	定位焊≤10mm，定位焊焊在正面焊缝处，对定位焊缝质量要求与正式焊接一样，并对定位焊缝修磨 3～5mm，呈缓坡状
	将试板装进带有 2mm 深度、4mm 宽度的不锈钢夹具里。焊接方向从右向左
	前进角度为 80°～90°

（续）

图示	步骤及要求
	工作角度为90°左右，焊丝指向间隙中心
	将试件间隙小的一端放在右侧，采用"直线前进、停顿、前进……"方法。前进时电弧击穿试板，保证焊缝背面成形美观；停顿时将熔池填满，保证焊缝正面成形美观；同时保证焊丝伸出长度一致，匀速前进
	正面焊缝波纹细密、均匀，高低宽度差一致
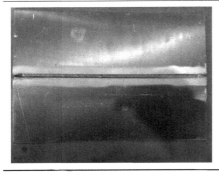	焊缝反面成形美观、余高一致，起弧和收弧接头处熔合良好

三、板厚 10mm 铝合金板对接横焊

1. 焊前准备

1）试件材质：6082 铝合金板。

2）试件尺寸及数量：300mm × 100mm × 10mm，两件，45°坡口。

3）试件装配及相关尺寸如图 3-10 所示。

4）焊接材料：焊丝为 ER 5087，焊丝直径为 φ1.2mm；保护气体为高纯氩，≥99.999%（体积分数）。

5）焊接设备：Fronius TPS 5000。

6）技术要求：单面焊、双面成形。

7）焊接参数：对接横焊焊接参数见表 3-25。

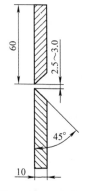

图 3-10 对接横焊试件装配示意图

表 3-25 对接横焊焊接参数

图示	焊接层次	焊丝直径/mm	焊丝伸出长度/mm	焊接电流/A	焊接电压/V	焊接速度/(mm/s)	气体流量/(L/min)
	打底层			150~170	17~19		
	填充层	1.2	10~12	200~220	19~20	4~7	20~23
	盖面层			170~190	18~19		

2. 操作步骤

对接横焊操作步骤见表 3-26。

表 3-26 对接横焊操作步骤

图示	步骤及要求
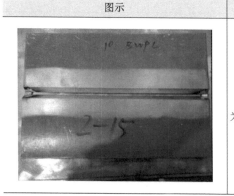	将 φ2.0mm 焊丝夹在两试板之间，装配间隙始焊端为 2.5mm，终焊端为 3.0mm

（续）

图示	步骤及要求
	定位焊≤15mm，定位焊焊在正面焊缝处，对定位焊缝质量要求与正式焊接一样，并对定位焊缝修磨5mm，呈缓坡状，易于接头熔合
	将试板用不锈钢夹具固定，焊缝背面采用不锈钢保护，试板间隙中心与不锈钢凹槽中心吻合且贴严
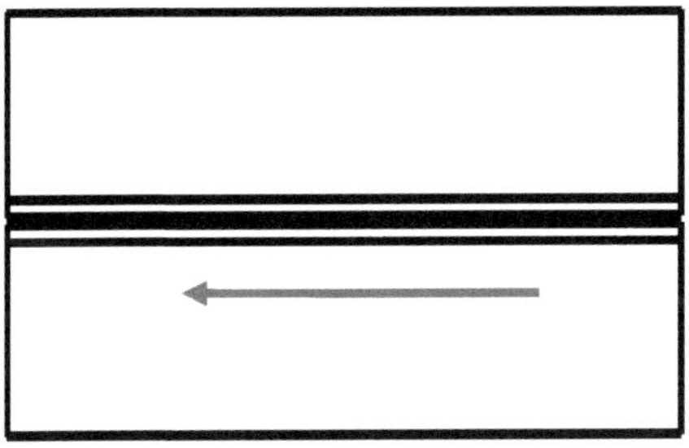	焊接方向从右向左
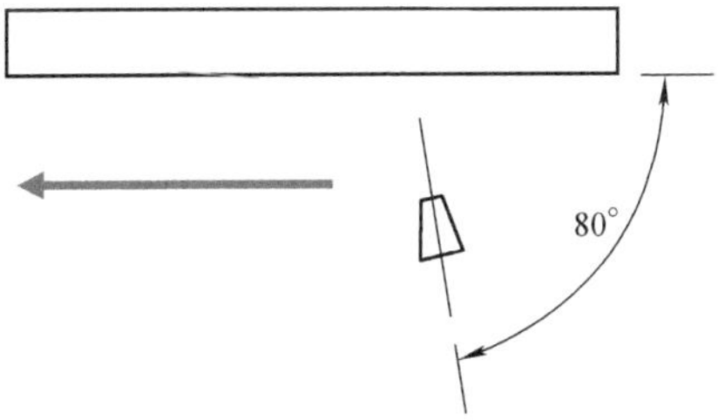	前进角度为80°~90°

（续）

图示	步骤及要求
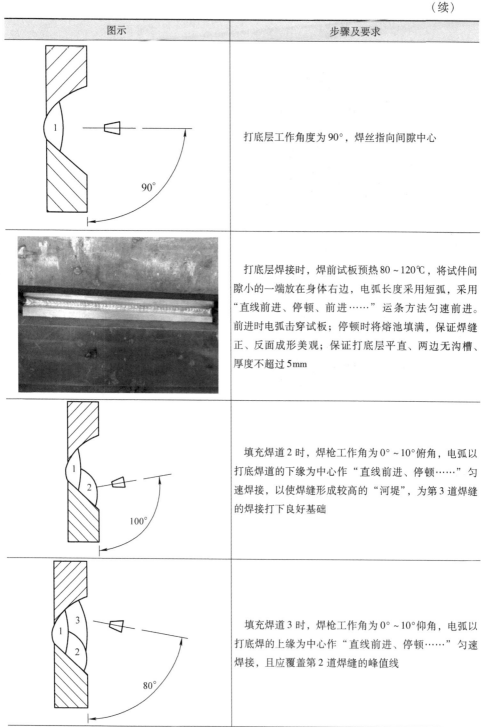	打底层工作角度为90°，焊丝指向间隙中心
	打底层焊接时，焊前试板预热80～120℃，将试件间隙小的一端放在身体右边，电弧长度采用短弧，采用"直线前进、停顿、前进……"运条方法匀速前进。前进时电弧击穿试板；停顿时将熔池填满，保证焊缝正、反面成形美观；保证打底层平直、两边无沟槽、厚度不超过5mm
	填充焊道2时，焊枪工作角为0°～10°俯角，电弧以打底焊道的下缘为中心作"直线前进、停顿……"匀速焊接，以使焊缝形成较高的"河堤"，为第3道焊缝的焊接打下良好基础
	填充焊道3时，焊枪工作角为0°～10°仰角，电弧以打底焊的上缘为中心作"直线前进、停顿……"匀速焊接，且应覆盖第2道焊缝的峰值线

（续）

图示	步骤及要求
	填充层前进角度为80°～90°
	填充层采用两道焊完，每道焊前应清理飞溅、黑灰，控制层间温度为60～100℃，高度应低于母材表面2mm，不允许烧化坡口原始棱边
	盖面层采用3层3道，电弧相对打底层和填充层调软一些，目的：减少焊缝余高，增大焊缝宽度，使焊缝呈"龟背"形状
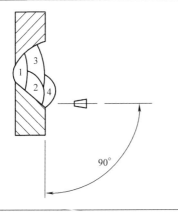	第4道焊丝指在第2道焊缝的下边缘，工作角水平，用填充金属将坡口边缘盖满即可，采用"前进、停顿……"匀速焊接

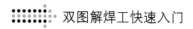

（续）

图示	步骤及要求
	第 5 道焊接速度比第 1 道要慢 30%，焊丝指在第 4 道焊缝上边缘，将第 4 道焊缝峰值线盖满即可
	第 6 道恢复第 4 道焊接速度，以保证焊接完后，焊缝呈中间高、两边低、圆滑过渡的"龟背"形状
	盖面层前进角度为 80°～90°
	正面焊缝波纹细密、均匀，高低宽度差一致

（续）

图示	步骤及要求
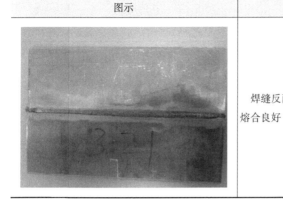	焊缝反面成形美观、余高一致，起弧和收弧接头处熔合良好

四、板厚10mm铝合金板对接仰焊

1. 焊前准备

1）试件材质：6082铝合金板。

2）试件尺寸及数量：300mm×60mm×10mm，两件，45°坡口。

3）试件装配及相关尺寸如图3-11所示。

4）焊接材料：焊丝为 ER 5087，焊丝直径为 ϕ1.2mm；保护气体为高纯氩，≥99.999%（体积分数）。

5）焊接设备：Fronius TPS 5000。

6）技术要求：单面焊、双面成形。

7）焊接参数：对接仰焊焊接参数见表3-27。

图 3-11 对接仰焊试件装配示意图

表 3-27 对接仰焊焊接参数

图示	焊接层次	焊丝直径/mm	焊丝伸出长度/mm	焊接电流/A	焊接电压/V	焊接速度/(mm/s)	气体流量/(L/min)
	打底层			140~160	17~19		
	填充层	1.2	10~12	190~210	19~20	4~7	20~23
	盖面层			170~190	18~19		

2. 操作步骤

对接仰焊操作步骤见表3-28。

表 3-28　对接仰焊操作步骤

图示	步骤及要求
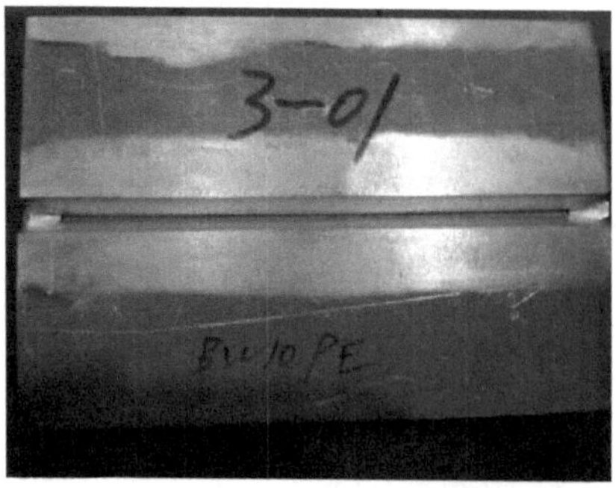	将 $\phi 2.0$mm 焊丝夹在两试板之间，装配间隙始焊端为 2.5mm，终焊端为 3.0mm
	定位焊≤15mm，定位焊焊在正面焊缝处，对定位焊缝质量要求与正式焊接一样，并对定位焊缝修磨 5mm，呈缓坡状，易于接头熔合
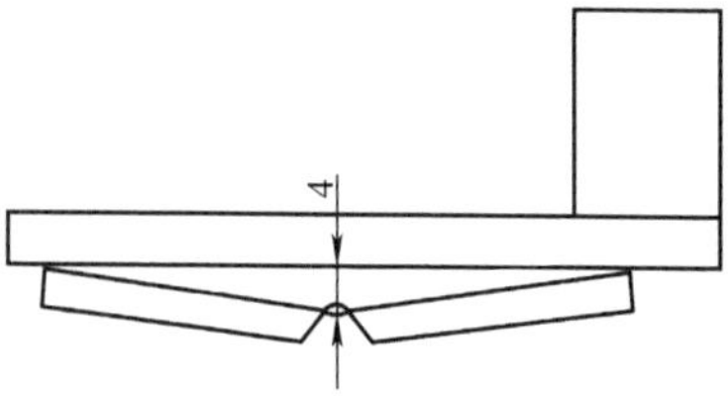	焊前预留 4mm 反变形
	焊缝背面采用瓷垫保护，试板间隙中心与瓷垫中心吻合且贴严

（续）

图示	步骤及要求
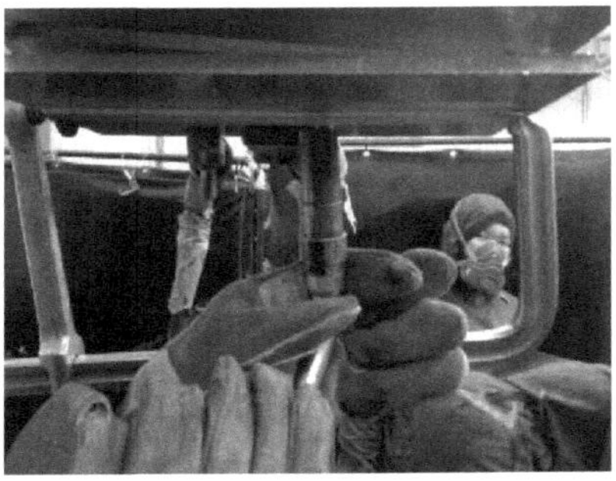	焊接方向从远往近焊接，站姿两脚一前一后
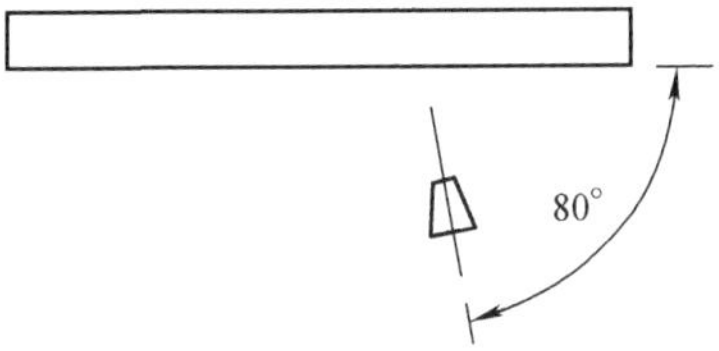	前进角度为80°~90°
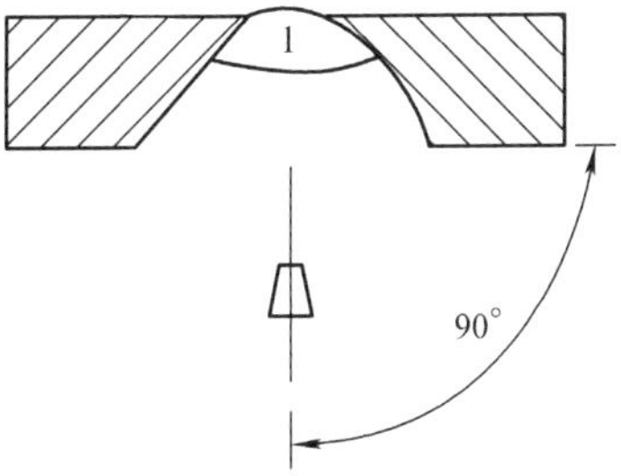	工作角度为90°，焊丝指向间隙中心
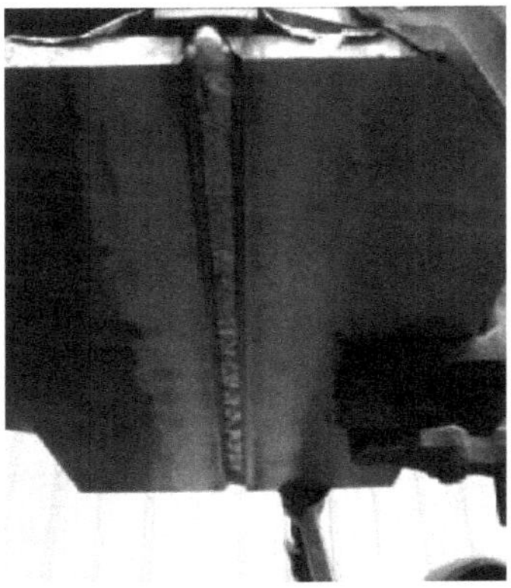	打底层焊接时，焊前试板预热80~120℃，将试件间隙小的一端放在离身体较远的方向，采用"直线前进、停顿、前进……"运条方法匀速前进。前进时电弧击穿试板；停顿时将熔池填满，保证焊缝正、反面成形美观；保证打底层平直、两边无沟槽、厚度不超过5mm

（续）

图示	步骤及要求
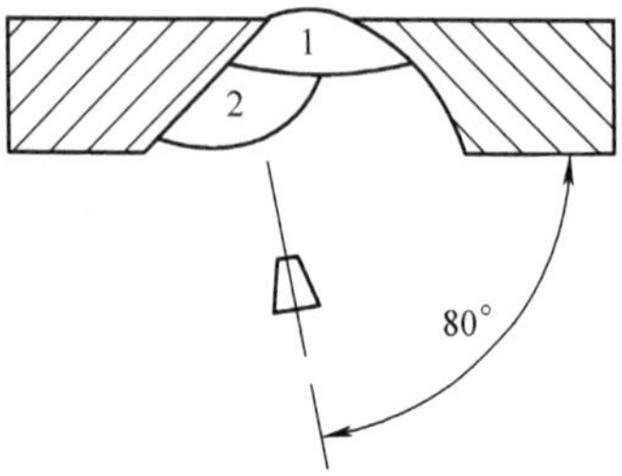	填充层采用两道焊完，第2道焊前清理飞溅、黑灰，控制层间温度为 60～100℃，采用"前进、停顿、前进……"运条方法匀速前进。注意焊丝指在打底层与试板坡口面相接处，电弧朝向坡口面，可以防止打底层背面焊缝下塌
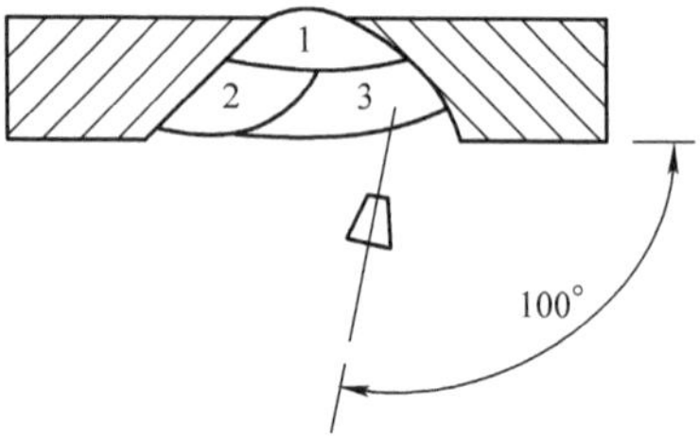	填充层第3道焊接，除焊枪角度相反外，其他同第2道的焊接
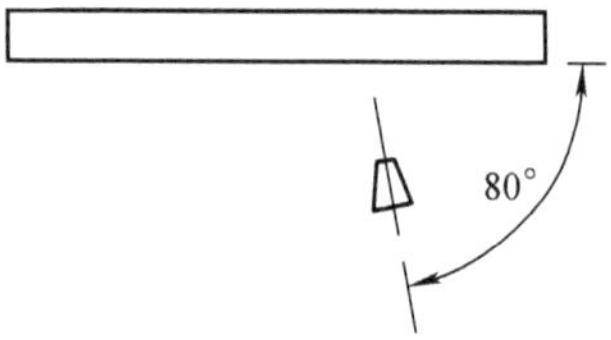	前进角度为 80°～90°
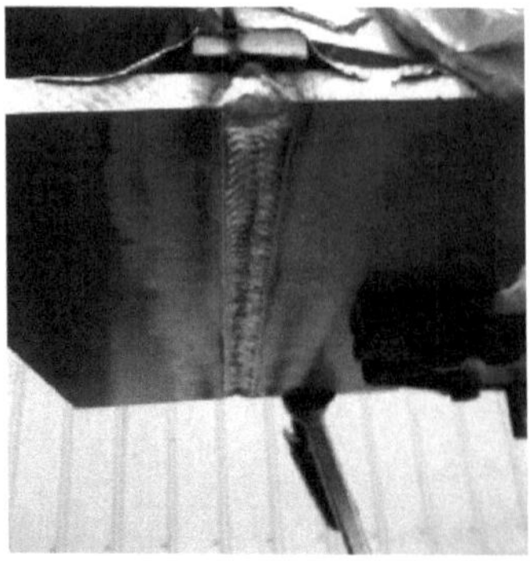	填充层焊完后，保证焊道表面平整并稍下凹，高度低于母材表面 1.5～2mm，不允许烧化坡口原始棱边

（续）

图示	步骤及要求
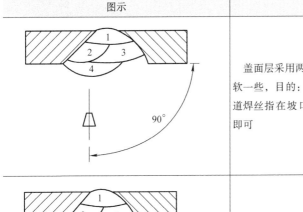	盖面层采用两道焊完，电弧相对打底层和填充层调软一些，目的：减少焊缝余高，增大焊缝宽度。第4道焊丝指在坡口棱边，见填充金属将坡口边缘盖满即可
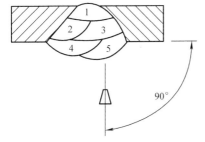	第5道焊接时应覆盖第4道焊缝的峰值线，以保证焊接完后，焊缝呈中间高、两边低、圆滑过渡的"龟背"形状
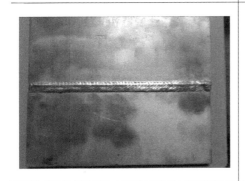	正面焊缝波纹细密、均匀，高低宽度差一致
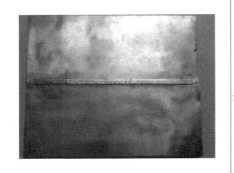	焊缝反面成形美观、余高一致，起弧和收弧接头处熔合良好，不下凹

第四章

手工钨极氩弧焊操作技能训练

第一节　钨极氩弧焊概述

手工钨极氩弧焊是以氩气作为保护气体，钨极作为不熔化极，借助钨电极与焊件之间产生的电弧，加热熔化母材（同时填充的焊丝也被熔化）实现焊接的方法。氩气用于保护焊缝金属和钨电极熔池在电弧加热区域不被空气氧化。

一、工作原理

钨极氩弧焊又称钨极惰性气体保护焊（TIG焊），它是使用纯钨或活化钨电极，以惰性气体——氩气作为保护气体的气体保护焊方法，如图4-1所示。钨极电极只起导电作用不熔化，通电后在钨极和工件之间产生电弧。在焊接过程中可以填丝也可不填丝实现焊接。焊接时，从焊枪喷嘴中持续喷出的氩气流，在焊接区形成厚而密的气体保护层而隔绝空气，同时，钨极与焊件之间燃烧产生的电弧热量使被焊处熔化，并填

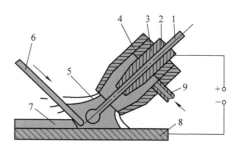

图4-1　钨极氩弧焊工作原理图
1—钨极　2—导电嘴　3—绝缘套　4—喷嘴
5—氩气流　6—焊丝　7—焊缝
8—焊件　9—进气管

充（或不填充）焊丝将被焊金属连接在一起，获得牢固的焊接接头。

二、工艺特点

1）焊接过程气体保护效果好。因为氩气是惰性气体，高温下不进行分解，与焊缝金属不发生化学反应，也不溶于液体金属，焊接范围广，几乎可用于所有的金属材料焊接，特别适宜于焊接化学性质活泼的金属及其合金材料，常用于

铝、镁、铜、钛及其合金、低合金钢、不锈钢及耐热钢等材料的焊接。

2）焊缝质量较高。由于氩气是惰性气体，可在空气与焊件间形成稳定的隔绝层，保证高温下被焊金属中合金元素不会被氧化烧损，同时氩气不溶解于液态金属，故能有效地保护熔池金属，能获得较高的焊接质量。

3）焊接变形和应力小。由于电弧受氩气流的冷却和压缩作用，电弧的热量集中且电弧的温度高，故热影响区较窄，适用于薄板的焊接。

4）焊缝成形平滑美观，技术易于掌握。由于是明弧焊接，熔池可见性较好，便于观察和操作且填充焊丝不通过电流，同时不会产生焊接飞溅，容易实现机械化、自动化焊接。

5）可进行全位置焊接，同时是实现单面焊双面成形的理想方法。因为钨极氩弧焊的焊接热源和填充焊丝可分别控制，因而其热输入容易调整，便于焊接操作及控制焊缝成形。

6）由于氩气的电势高，起弧困难，需要采用高频起弧及稳弧装置等。

7）钨极承载电流能力较差，过大的电流会引起钨极的熔化和蒸发，其微粒有可能进入熔池而引起夹钨，同时熔敷速度小、熔深浅、生产率低。

8）电弧周围受气流影响较大，不适于在有风的地方或露天施焊。

9）氩气较贵，熔敷率低，且氩弧焊机又较复杂，和其他焊接方法（如焊条电弧焊、埋弧焊、CO_2气体保护焊）比较，生产成本较高。

10）焊接时产生的紫外线是焊条电弧焊的 5~30 倍，生成的臭氧对焊工危害较大，需要采用相应的防护措施。

11）钍钨极的放射性对焊工有一定的危害，所以推广使用铈钨电极，对焊工的危害较小。

三、适用范围

钨极氩弧焊是一种全姿势位置焊接方式，且特别适于薄板的焊接以及超薄板（0.1mm），同时能进行全方位焊接，特别是对复杂焊件难以接近的部位等。钨极氩弧焊的特性使其能用于大多数的金属和合金的焊接，可用钨极氩弧焊焊接的金属包括碳钢、合金钢、不锈钢、耐热合金、难熔金属、铝合金、镁合金、铍合金、铜合金、镍合金、钛合金和锆合金等。

四、手工钨极氩弧焊设备

1. 手工钨极氩弧焊机的分类

手工钨极氩弧焊机可分为直流手工钨极氩弧焊机（WS 系列）、交流手工钨极氩弧焊机（WSJ 系列）、交直流手工钨极氩弧焊机（WSE 系列）及手工钨极脉冲氩弧焊机（WSM 系列）。

2. 钨极氩弧焊设备的组成

手工钨极氩弧焊设备主要由主电路系统、焊枪、供气和供水系统以及控制系统等部分组成。自动钨极氩弧焊设备则在手工钨极氩弧焊设备的基础上，再增加焊接小车（或转动设备）和焊丝送给机构等。

（1）主电路系统　主电路系统主要包括焊接电源、高频振荡器、脉冲稳弧器和消除直流分量装置，交流与直流的主电路系统部分不相同。

钨极氩弧焊可以采用直流、交流或交直流两用电源。无论是直流还是交流都应具有陡降外特性或垂直下降外特性，以保证在弧长发生变化时，减小焊接电流的波动。交流焊机电源常用动圈漏磁式变压器；直流焊机可用他励式焊接发电机或磁放大器式晶闸管整流电源；交直流两用焊机常采用饱和电抗器或单相整流电源。

（2）焊枪　手工钨极氩弧焊的焊枪必须结实，重量轻且完全绝缘，必须有一定的压力供输送保护气体至电弧区，且具有筒夹、夹头或其他方式能稳固的压紧钨电极棒，并导引焊接电流至电极棒上。焊枪组合一般包括各种不同的缆线、软管并连接焊枪至电源，气体和水的配合件。水冷式手工钨极氩弧焊焊枪保护气体通过的整个系统必须气密，软管中接头处泄漏会使保护气体大量损失，且熔池无法得到充分的保护，空气吸入气体系统中易产生焊接缺陷，需小心维护以确保气体系统的气密。

钨极氩弧焊的焊枪有不同的尺寸和种类，重量为 30～450g 不等。焊枪尺寸是依能使用的最大焊接电流而定的，而且可配用不同尺寸的电极棒和不同种类及尺寸的喷嘴，电极棒与手把的角度也随着不同的焊枪而变化，最普通的角度约为 120°，在特殊情况下，也有 90° 的直线焊枪，甚至可调整角度的焊枪，有些焊枪在其手把中装置辅助开关和气体阀。

钨极氩弧焊的焊枪主要分为气冷式和水冷式两种。气冷式焊枪通常是重量轻的，体积小且坚实，且比水冷式焊枪便宜，一般用于小的焊接电流（＜150A），如图4-2所示；水冷式焊枪被设计用于持续的大电流焊接，比气冷式焊枪重且贵，一般用于大的

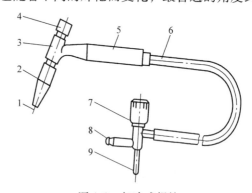

图 4-2　气冷式焊枪

1—钨极　2—陶瓷喷嘴　3—枪体
4—短帽　5—手把　6—电缆　7—气体开关手轮
8—通气接头　9—通电接头

焊接电流（≥150A），如图4-3所示。常用手工钨极氩弧焊焊枪型号及技术参数见表4-1。

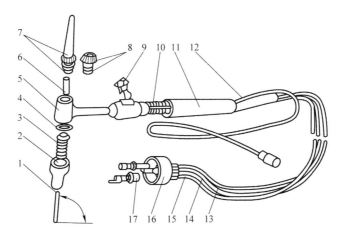

图4-3　水冷式焊枪

1—钨极　2—陶瓷喷嘴　3—导流件　4、8—密封圈　5—枪体　6—钨极夹头　7—盖帽
9—船形开关　10—扎线　11—手把　12—插圈　13—进气皮管　14—出水皮管
15—水冷缆管　16—活动接头　17—水电接头

表4-1　常用手工钨极氩弧焊焊枪型号及技术参数

型号	冷却方式	出气角度/(°)	额定焊接电流/A	适用钨极尺寸/mm		开关形式	毛重/kg
				长度	直径		
QS-0/150	循环水冷却	0	150	90	1.6~2.5	按钮	0.14
QS-65/200		65	200	90	1.6~2.5	按钮	0.11
QS-85/250		85	250	160	2.0~4.0	船形开关	0.26
QS-65/300		65	300	160	3.0~5.0	按钮	0.26
QS-75/300		75	350	150		推键	0.30
QS-75/400		75	400	150	3.0~5.0	推键	0.40
QS-65/75	气冷却	65	75	40	1.0~1.6	微动开关	0.09
QS-85/100		85	100	160	1.6~2.0	船形开关	0.2
QS-90/150		0~90	150	70	1.6~2.3	按钮	0.15
QS-85/150		85	150	110	1.6	按钮	0.2
QS-85/200		85	200	150	1.6	船形开关	0.26

（3）控制系统　钨极氩弧焊机的控制系统在小功率焊机中和焊接电源装在同一箱子里，称为一体式结构。大功率焊机中，控制系统与焊接电源则是分立

的，为一单独的控制箱，如 NSA - 500 - 1 型交流手工钨极氩弧焊机。

控制系统由引弧器、稳弧器、行车（或转动）速度控制器、程序控制器、电磁气阀和水压开关等构成。同时对控制系统提出以下要求：

1）提前（或滞后）3~5s 送气（或停气），以保护钨极和引弧、熄弧处的焊缝。

2）自动控制引弧器、稳弧器的起动和停止。

3）手工或自动接通和切断焊接电源。

4）焊接电流能自动衰减。

（4）供气系统　供气系统由氩气瓶、氩气流量调节器及电磁气阀组成。

1）氩气瓶：外表涂灰色，并用绿漆标以"氩气"字样。氩气瓶最大压力为 15MPa，容积为 40L。

2）电磁气阀：是开闭气路的装置，由延时继电器控制，可起到提前供气和滞后停气的作用。

3）氩气流量调节器：起降压、稳压的作用及调节氩气流量。

（5）水冷系统　用来冷却焊接电缆、焊枪和钨极。如果焊接电流小于 100A，可以不用水冷却。使用的焊接电流超过 100A 时，必须通水冷却，并以水压开关控制，保证冷却水接通并有一定压力后才能起动焊机。

第二节　手工钨极氩弧焊基本操作方式

一、起弧、接头、收弧

1. 起弧

手工钨极氩弧焊的起弧方式有两种：一种是依靠起弧器实现起弧，即非接触起弧；另一种是通过短路方式实现起弧，即接触短路起弧。

（1）非接触起弧　焊接时，钨极与焊件距离 3mm 左右，通过利用高频振荡器产生的高频高压击穿钨极与焊件之间的间隙而引燃电弧；或者利用在钨极与焊件之间所加的高压脉冲，使两极间的气体介质电离而引燃电弧。

（2）接触短路起弧　焊接前，钨极在起弧板上轻轻接触一下并随即抬起 2mm 左右即可引燃电弧。使用普通氩弧焊机时，只要将钨极对准待焊部位（保持 3~5mm），起动焊枪手柄上的按钮，高频振荡器就会即刻发生高频电流，引起放电火花引燃电弧。其缺点是：接触起弧时，会产生很大的短路电流，很容易烧损钨极端头，降低焊件质量。

2. 接头

手工钨极氩弧焊接头时，在焊缝接头处应采用直磨机将接头修磨 15 ~ 20mm，呈缓坡状，如图 4-4 所示，以免影响焊缝接头焊接质量。重新起弧的位置在距焊缝熔孔前 25mm 处焊缝上，如图 4-5 所示。为了保证焊缝接头熔合良好，焊缝重叠部分一般不需要进行填丝或少量填丝。当焊枪移动至缓坡端部 4 ~ 5mm 处时才开始进行填丝，同时确保接头处焊透，采用单面焊双面成形。

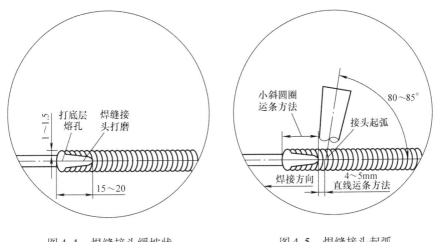

图 4-4 焊缝接头缓坡状　　　　　图 4-5 焊缝接头起弧

3. 收弧

手工钨极氩弧焊焊缝收弧时，一般采用设备自带的电流自动衰减装置，以免形成弧坑。在没有电流自动衰减装置时，应该利用改变焊枪的角度、拉长电弧、加快焊接速度或在收弧处连续填丝画圆圈的方式来实现焊缝收弧动作。在焊接环焊缝或首、尾相连的焊缝时，主要采用稍拉长电弧的方式使焊缝重叠 20 ~ 40mm，重叠焊缝部分可以不填丝或少量填丝。焊接电弧收弧后，送气系统应延时 10 ~ 15s 再停止送气，防止焊缝金属在高温下继续被氧化，同时防止炽热的钨极伸出部分被氧化。

二、焊枪的摆动方式和移动

1. 焊枪的摆动方式

手工钨极氩弧焊的焊枪运行基本动作包括：焊枪钨极与焊件之间保持一定间隙；焊枪钨极沿焊缝轴线方向纵向移动和横向移动。在焊接生产实践中，焊工可以根据金属材料、焊接接头形式、焊接位置、装配间隙、焊丝直径及焊接参数等因素的不同，合理地选择不同的焊枪摆动方式。手工钨极氩弧焊的焊枪摆动方式及适用范围见表4-2。

表4-2　手工钨极氩弧焊的焊枪摆动方式及适用范围

摆动方式及示意图	特　点	适用范围
直线形	焊接时，钨极应保持合适的高度，焊枪不做横向摆动，沿焊接方向匀速直线移动	适用于薄板的I形坡口对接、T形接头的角焊；多层多道焊缝的打底层焊接
直线往返	焊接时，焊枪停留合适时间，待电弧熔透坡口根部再填充熔滴，然后再沿着焊接方向做断断续续的直线移动	适用于厚度为3～6mm材料的焊接
锯齿形	焊接时，焊枪钨极沿焊接方向做锯齿形连续摆动，摆动到焊缝两侧时，应稍做停顿，停顿时间应根据实际情况而定，防止焊缝出现咬边缺陷	适用于全位置的对接接头和立焊的T形接头
月牙形	焊接时，喷嘴后倾轻触在坡口内，利用手腕的大幅度摆动，使喷嘴在坡口内从右坡口面侧旋滚到左坡口面，再由左坡口面侧旋滚到右坡口面，如此循环往复地向前移动，利用电弧加热熔化焊丝及坡口钝边来完成焊接	适用于壁厚较大的全位置对接接头和T形接头

2. 焊枪的移动

手工钨极氩弧焊焊枪的移动，一般都采用直线移动的方式，在特殊的情况下焊枪才采用小幅横向摆动。

（1）直线移动　焊枪直线移动有直线匀速移动、直线断续移动和直线往复移动三种方式。

1）直线匀速移动：主要适合于焊接不锈钢、耐热钢、高温合金薄焊件的焊接。

2）直线断续移动：在焊接过程中，焊枪移动时应适当停留一段时间，待坡口根部熔透后再填入焊丝熔滴，然后沿着焊缝纵向做断断续续的直线移动。该方式主要适合于中等厚度3～5mm材料的焊接。

3）直线往复移动：焊接电弧在焊缝起弧点位置进行加热，待坡口根部熔化后迅速填入焊丝，在焊缝不断向前移动的过程中，焊枪和焊丝围绕着熔池不断地做往复移动。该方式主要适合于铝及铝合金薄板的小电流焊接，通过采用往复移动的方式来控制焊缝的热量，可有效防止薄板焊穿，并使焊缝成形美观。

（2）横向摆动　焊枪的横向摆动有圆弧之字形摆动、圆弧之字形侧移摆动和 r 字形摆动三种形式。

1）圆弧之字形摆动：主要适合于 T 形接头角焊缝、厚板搭接角焊缝、V 形及 X 形坡口的对接焊或特殊要求加宽焊缝的焊接。横向摆动方式如图 4-6 所示。

a) 圆弧之字形摆动　　b) 圆弧之字形侧移摆动　　c) r 字形摆动

图 4-6　焊枪横向摆动

2）圆弧之字形侧移摆动：主要适合于不齐平的角接焊、端接焊。不齐平的角接焊、端接焊的接头形式如图 4-7 所示。焊接时，注意焊枪的电弧偏向凸出部分，焊枪做圆弧之字形侧移摆动，并且焊接电弧在凸出部分停留时间要适当长一些，同时焊接过程中要观察凸出部分的熔化情况，再决定是否填充或不填充焊丝，沿着焊缝端部进行焊接。

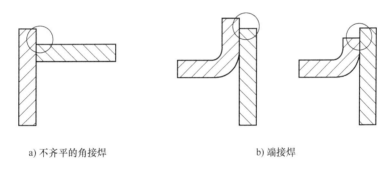

a) 不齐平的角接焊　　　　　　　　　　b) 端接焊

图 4-7　不齐平的角接焊、端接焊的接头形式

3）r 字形摆动　主要适合于板厚相差较大对接焊缝，焊接过程中，注意电弧稍微偏向于厚板件，尽可能让厚板受热多一点。

三、填丝方式

手工钨极氩弧焊时，对熔池填充液态熔滴是通过操作不带电的焊丝来进行的，焊丝与钨极始终应保持适当距离，避免碰撞情况发生。焊接时，应根据具体情况对熔池填充或不填充熔滴，这对于控制熔透程度、掌握熔池大小、防止烧穿等会带来很大便利，所以易于实现全位置焊接。

1. 填丝的基本操作技术

（1）连续填丝　焊接时，左手小指和无名指夹住焊丝并控制送丝方向，大拇指和食指有节奏地将焊丝送入熔池区，如图4-8所示。连续填丝时手臂动作不大，待焊丝快使用完时再向前移动。连续填丝对氩气保护层的扰动较小，焊接质量较好，但比较难掌握，多用于填充较大的焊接。

（2）断续填丝　断续填丝又称点滴送丝。焊接时，左手大拇指、食指和中指捏紧焊丝，小指和无名指夹住焊丝并控制送丝方向，依靠手臂和手腕的上、下反复动作把焊丝端部的熔滴一滴一滴地送入熔池中。在操作过程中，为防止空气侵入熔池，送丝的动作要轻，并且焊丝端部始终处于保护层内，不得扰乱氩气保护层。全位置焊时多用此法，如图4-9所示。

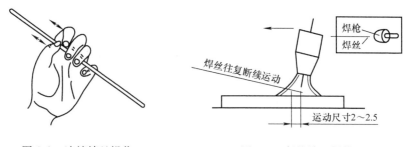

图4-8　连续填丝操作　　　　　图4-9　断续填丝操作

（3）特殊填丝法　焊前选择直径大于坡口根部间隙的焊丝弯成弧形，并将焊丝贴紧坡口根部间隙，焊接时，焊丝和坡口钝边同时熔化形成打底层焊缝。此方法可避免焊丝妨碍焊工对熔池的观察，适用于困难位置的焊接。

2. 填丝操作要点

1）填丝时，焊丝与焊件表面成15°～20°夹角，焊丝准确地送达熔池前沿，形成的熔滴被熔池"吸入"后，迅速撤回，如此反复进行。

2）填丝时，仔细观察焊接区的金属是否达到熔化状态，当金属熔化后才能对熔池填充熔滴，以避免熔合缺陷产生。

3）填丝时，填丝要均匀，快慢适当。过快，焊缝熔敷金属加厚；过慢，产生下凹或咬边缺陷。

4）坡口根部间隙大于焊丝直径时，焊丝应与焊接电弧同步做横向摆动。无论是采用连续填丝或断续填丝，送丝速度与焊接速度应一致。

5）填丝时，不要把焊丝直接置于电弧下面，把焊丝抬得过高会导致熔滴向熔池"滴渡"状况发生。这样会出现成形不良的焊缝。填丝位置的正确与否，如图4-10所示。

6）填丝时，如焊丝与钨极相碰，发生短路，会造成焊缝被污染和夹钨。此时应立即停止焊接，用硬质合金旋转锉或砂轮修磨掉被污染的焊缝金属，直至修

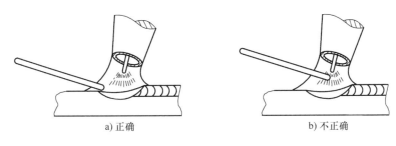

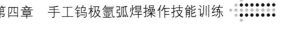

a) 正确　　　　　　　　　　　　　　　b) 不正确

图 4-10　填丝位置示意图

磨出金属光泽。被污染的钨极应重新修磨后方可继续焊接。

7）回撤焊丝时，不要让焊丝端头暴露在氩气保护区之外，以避免热态的焊丝端头被氧化。如将被氧化的焊丝端头送入熔池，会造成氧化物夹渣或产生气孔缺陷。

第三节　焊件的焊接训练

一、板厚 3mm 低碳钢板 T 形接头平角焊

低碳钢板 T 形接头平角焊焊接起弧时，注意在试板右端定位焊缝上进行引弧，起弧时不需要进行填丝，电弧适当拉长 3～4mm，在起焊处稍停留片刻，利用电弧使母材及定位焊缝得到充分预热，当定位焊缝形成熔池后即可进行填丝焊接。为保证起头的保护效果，引弧前先按送气钮对准引弧处放气 8～10s。起弧时要注意控制电弧长度，弧长过长，气体保护效果不好；弧长过短易产生夹钨，一般控制在 2～3mm 之间。

TIG 焊填丝的好坏直接影响焊缝质量，主要的填丝方法有：连续填丝法、断续填丝法、特殊填丝法等方式。由于该技能训练为平角焊位置焊接，故采用断续填丝法进行焊接效果较好。

1. 焊前准备

1）试件材质：Q235A。

2）试件尺寸：$300mm \times 150mm \times 3mm$，2 件，I 形坡口，如图 4-11 所示。

3）试件装配：用平锉修磨试件坡口去除毛刺，采用异丙醇清洗坡口两侧 20mm 表面的油脂、污物等；水平板与立板应垂直装配，采用手工钨极氩弧焊在试件两端反面坡口内进行定位焊，定位焊缝长度为 15～20mm，如图 4-12 所示。采用风动直磨机将焊缝接头预先打磨成缓坡状，并将试件固定在焊接支架上。

4）焊接材料：ER50-6（H08Mn2SiA），直径为 $\phi2.5mm$。

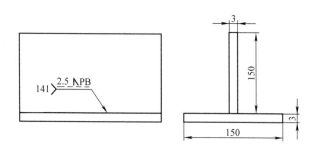

图 4-11　试件尺寸

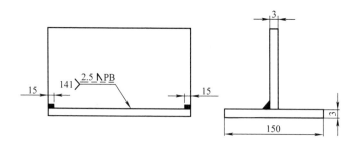

图 4-12　试件装配

5）焊接设备：手工直流钨极氩弧焊机（WS - 300 型），直流正接法。

6）喷嘴孔径：直径为 ϕ10mm。

7）保护气体及气体流量：氩气，其纯度不低于 99.99%（体积分数），气体流量为 8 ~ 10L/min。

8）钨极：铈钨极直径为 ϕ2.5mm。

9）辅助工具：角向打磨机、平锉、钢丝刷、锤子、直角尺、300mm 钢直尺。

2. 焊接参数，见表 4-3。

表 4-3　低碳钢板 T 形接头平角焊焊接参数

图示	焊接层次	钨极直径/mm	焊接电流/A	焊枪与焊接方向夹角/(°)	气体流量/(L/min)	运条方式
	盖面层	2.5	60 ~ 70	70 ~ 75	8 ~ 10	直线运条

3. 操作步骤

低碳钢板 T 形接头平角焊的焊接操作步骤见表 4-4。

表 4-4　低碳钢板 T 形接头平角焊的焊接操作步骤

图示	步骤及要求
	1. 试件打磨 试件用 F 夹具固定后，用角向打磨机将坡口及两侧 20mm 区域内表面的油污、锈蚀、水分等清理干净，使试件露出金属光泽
	2. 试件组对及定位焊 组对间隙为 0~0.5mm，两块钢板应相互垂直 在试件两端正面坡口内进行定位焊，焊缝长度为 15~20mm。将焊缝接头预先打磨成斜坡 定位焊时的焊接电流为 70~80A 定位焊时的焊接电流应比正式焊接时的焊接电流大 10%~15%
	3. 焊缝的焊接 采用直线运条方法 焊脚尺寸以控制在 3.5~4mm 范围内为宜
	（1）引弧　焊接时，引弧点设在试件右侧端头 6~8mm 位置，电弧引燃稳定后迅速移动到右侧端头位置，待母材将要熔化时，迅速进行填丝，保证焊缝起始端饱满 这种引弧方式可有效减少焊缝起头处熔合不良的缺陷

（续）

图示	步骤及要求
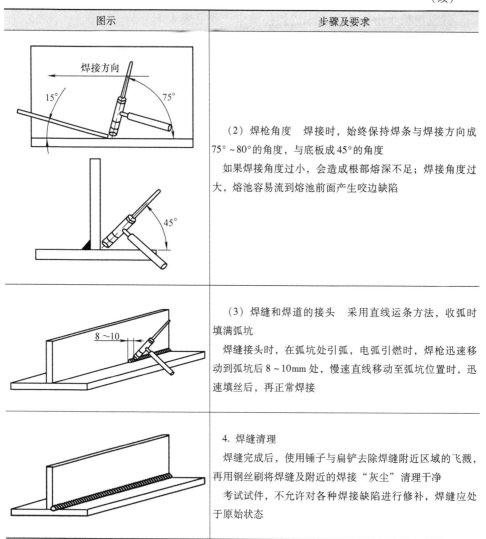	（2）焊枪角度　焊接时，始终保持焊条与焊接方向成75°~80°的角度，与底板成45°的角度 如果焊接角度过小，会造成根部熔深不足；焊接角度过大，熔池容易流到熔池前面产生咬边缺陷
	（3）焊缝和焊道的接头　采用直线运条方法，收弧时填满弧坑 焊缝接头时，在弧坑处引弧，电弧引燃时，焊枪迅速移动到弧坑后8~10mm处，慢速直线移动至弧坑位置时，迅速填丝后，再正常焊接
	4. 焊缝清理 焊缝完成后，使用锤子与扁铲去除焊缝附近区域的飞溅，再用钢丝刷将焊缝及附近的焊接"灰尘"清理干净 考试试件，不允许对各种焊接缺陷进行修补，焊缝应处于原始状态

二、板厚6mm低碳钢板V形坡口对接平焊

1. 焊前准备

1）试件材质：Q235A。

2）试件尺寸：300mm×150mm×6mm，两件，V形坡口，如图4-13所示。

3）试件装配：用平锉修磨钝边0~0.5mm，并将试件坡口去除毛刺，采用异丙醇清洗坡口正反两侧20mm表面的油污、锈蚀等，直至露出金属光泽；采用手工钨极氩弧焊在试件两端正面坡口内进行定位焊，起弧端适当偏短一些，一般

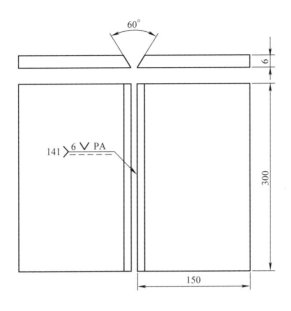

图 4-13　试件及坡口尺寸

定位焊缝长度为 10～15mm，如图 4-14 所示。采用风动直磨机将焊缝接头预先打磨成缓坡状。

4）焊接要求：单面焊双面成形。

5）焊接材料：ER50 - 6（H08Mn2SiA），直径为 ϕ2.5mm。

6）焊接设备：手工直流钨极氩弧焊机（WS - 300 型），直流正接法。

7）喷嘴孔径：直径为 ϕ10mm。

8）保护气体及气体流量：氩气，其纯度不低于 99.99%（体积分数），气体流量为 8～10L/min。

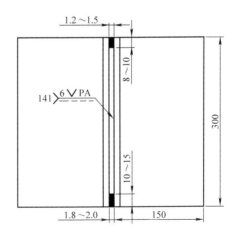

图 4-14　试件装配

9）钨极：铈钨极，直径为 ϕ2.5mm。

10）辅助工具：角向打磨机、平锉、钢丝刷、锤子、直角尺、300mm 钢直尺。

2. 焊接参数，见表4-5

表4-5　低碳钢板V形坡口对接平焊焊接参数

图示	焊接层次	钨极直径/mm	焊接电流/A	焊枪与焊接方向夹角/(°)	气体流量/(L/min)	运条方式
	打底层（1）	2.5	80～85	75～80	8～10	直线往复运条
	填充层（2）	2.5	85～95	80～85	6～8	锯齿或圆圈运条
	盖面层（3）	2.5	90～100	70～75		锯齿或圆圈运条

3. 操作步骤

低碳钢板V形坡口对接平焊的焊接操作步骤见表4-6。

表4-6　低碳钢板V形坡口对接平焊的焊接操作步骤

图示	步骤及要求
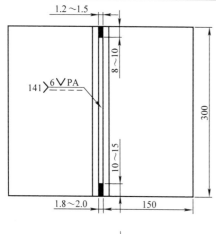	1. 试件打磨 试件用F夹具固定后，用角向打磨机将坡口及两侧20mm区域内表面的油污、锈蚀、水分等清理干净，使试件露出金属光泽
	2. 试件组对及定位焊 1）装配间隙：始端为1.2～1.5mm，终端为1.8～2.0mm 2）在试件两端正面坡口内进行定位焊，焊缝长度为15～20mm。将焊缝接头预先打磨成斜坡；定位焊时的焊接电流为90～95A 3）预置反变形。为抵消因焊缝在厚度方向上的横向不均匀收缩而产生的角变形量，试件组焊完成后，必须预置反变形量，确保试件焊接完成后的平面度。反变形量为3°左右 检测时，先将试件背面朝上，用钢直尺放在试件两侧，一侧试板的最低处应为3～3.5mm

（续）

图示	步骤及要求
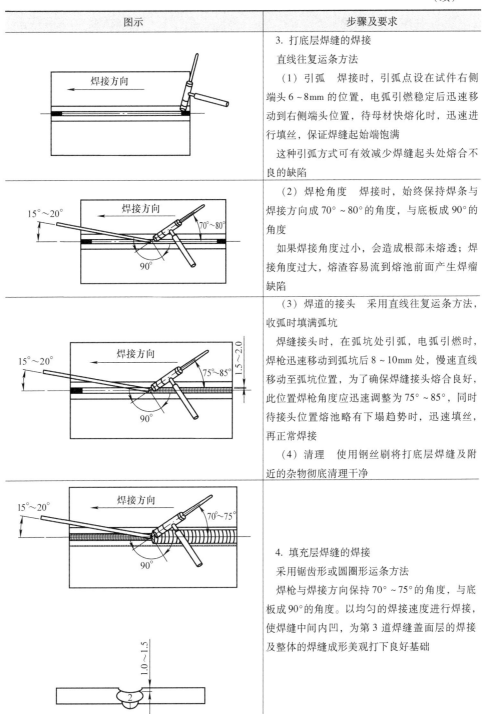	3. 打底层焊缝的焊接 直线往复运条方法 （1）引弧　焊接时，引弧点设在试件右侧端头 6~8mm 的位置，电弧引燃稳定后迅速移动到右侧端头位置，待母材快熔化时，迅速进行填丝，保证焊缝起始端饱满 这种引弧方式可有效减少焊缝起头处熔合不良的缺陷 （2）焊枪角度　焊接时，始终保持焊条与焊接方向成 70°~80° 的角度，与底板成 90° 的角度 如果焊接角度过小，会造成根部未熔透；焊接角度过大，熔渣容易流到熔池前面产生焊瘤缺陷 （3）焊道的接头　采用直线往复运条方法，收弧时填满弧坑 焊缝接头时，在弧坑处引弧，电弧引燃时，焊枪迅速移动到弧坑后 8~10mm 处，慢速直线移动至弧坑位置，为了确保焊缝接头熔合良好，此位置焊枪角度应迅速调整为 75°~85°，同时待接头位置熔池略有下塌趋势时，迅速填丝，再正常焊接 （4）清理　使用钢丝刷将打底层焊缝及附近的杂物彻底清理干净 4. 填充层焊缝的焊接 采用锯齿形或圆圈形运条方法 焊枪与焊接方向保持 70°~75° 的角度，与底板成 90° 的角度。以均匀的焊接速度进行焊接，使焊缝中间内凹，为第 3 道焊缝盖面层的焊接及整体的焊缝成形美观打下良好基础

(续)

图示	步骤及要求
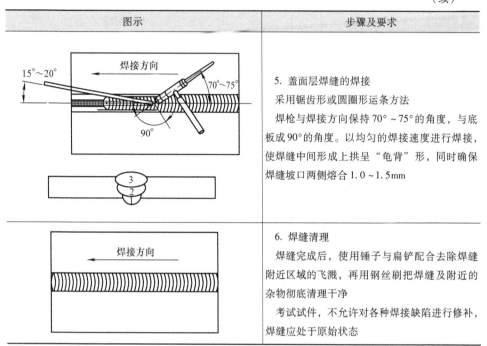	5. 盖面层焊缝的焊接 采用锯齿形或圆圈形运条方法 焊枪与焊接方向保持70°～75°的角度，与底板成90°的角度。以均匀的焊接速度进行焊接，使焊缝中间形成上拱呈"龟背"形，同时确保焊缝坡口两侧熔合1.0～1.5mm
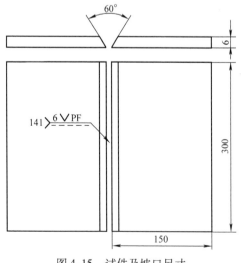	6. 焊缝清理 焊缝完成后，使用锤子与扁铲配合去除焊缝附近区域的飞溅，再用钢丝刷把焊缝及附近的杂物彻底清理干净 考试试件，不允许对各种焊接缺陷进行修补，焊缝应处于原始状态

三、板厚6mm低碳钢板V形坡口对接立焊

1. 焊前准备

1）试件材质：Q235A。

2）试件尺寸：300mm×150mm×6mm，两件，V形坡口，如图4-15所示。

图4-15 试件及坡口尺寸

3）试件装配：用平锉修磨钝边 0～0.5mm，并将试件坡口去除毛刺；采用异丙醇清洗坡口正反两侧20mm表面的油污、锈蚀等，直至露出金属光泽，减少焊接缺陷的产生。采用手工钨极氩弧焊在试件两端正面坡口内进行定位焊，起弧端适当偏短一些，一般定位焊缝长度为10～15mm，采用风动直磨机将焊缝接头预先打磨成缓坡状，如图4-16所示。

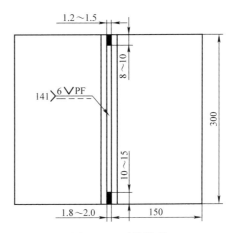

图4-16　试件装配

4）焊接要求：单面焊双面成形。

5）焊接材料：ER50-6（H08Mn2SiA），直径为 ϕ2.5mm。

6）焊接设备：手工直流钨极氩弧焊机（WS-300型），直流正接法。

7）喷嘴孔径：直径为 ϕ10mm。

8）保护气体及气体流量：氩气，其纯度不低于99.99%（体积分数），气体流量为8～10L/min。

9）钨极：铈钨极，直径为 ϕ2.5mm。

10）辅助工具：角向打磨机、平锉、钢丝刷、锤子、直角尺、300mm钢直尺。

2. 焊接参数（见表4-7）

表4-7　低碳钢板V形坡口对接立焊焊接参数

图示	焊接层次	钨极直径/mm	焊接电流/A	焊枪与焊接方向夹角/(°)	气体流量/(L/min)	运条方式
	打底层（1）	2.5	85～90	75～80		直线运条
	填充层（2）	2.5	90～95	80～85	8～10	锯齿形运条
	盖面层（3）	2.5	95～100	70～75		月牙形运条

3. 操作步骤

低碳钢板V形坡口对接立焊的焊接操作步骤见表4-8。

191

表 4-8 低碳钢板 V 形坡口对接立焊的焊接操作步骤

图示	步骤及要求
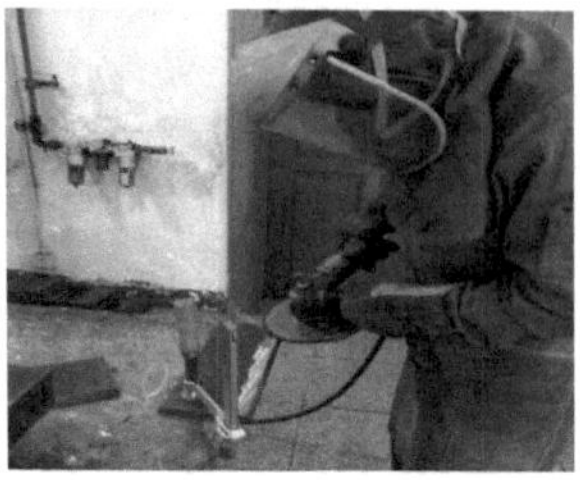	1. 试件打磨 试件用 F 夹具固定后，用角向打磨机将坡口及两侧 20mm 区域内表面的油污、锈蚀、水分等清理干净，使试件露出金属光泽
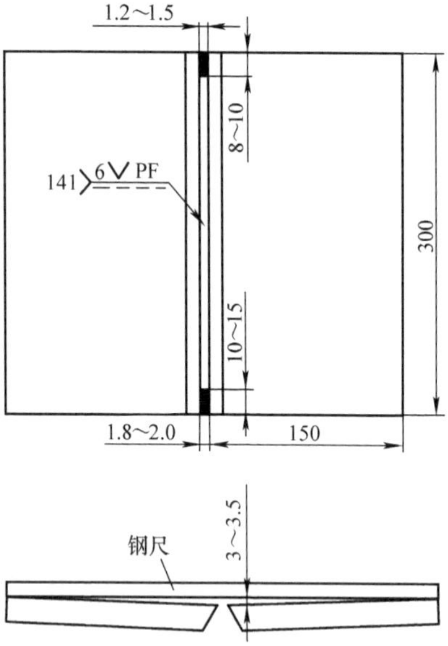	2. 试件组对及定位焊 1）装配间隙：始端为 1.2～1.5mm，终端为 1.8～2.0mm，错边量≤0.6mm 2）在试件两端正面坡口内进行定位焊，焊缝长度为 15～20mm。将焊缝接头预先打磨成斜坡；定位焊时的焊接电流为 90～95A 3）预置反变形。为抵消因焊缝在厚度方向上的横向不均匀收缩而产生的角变形量，试件组焊完成后，必须预置反变形量，确保试件焊接完成后的平面度。反变形量为 3°左右 检测时，先将试件背面朝上，用钢直尺放在试件两侧，一侧试板的最低处应为 3～3.5mm
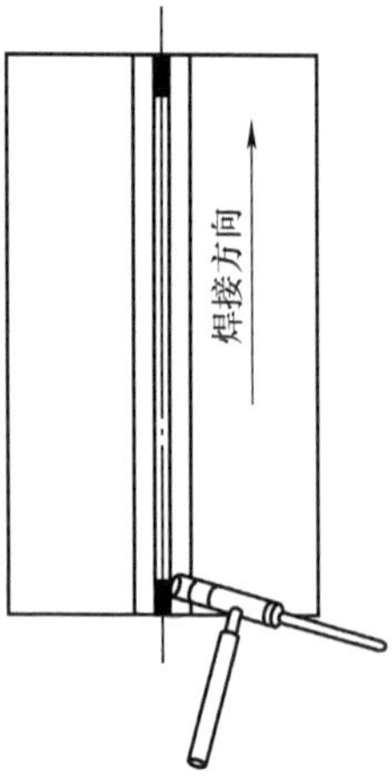	3. 打底层焊缝的焊接 采用直线运条方法 （1）引弧 焊接时，引弧点设在试件右侧端头 6～8mm 的位置，电弧引燃稳定后迅速移动到右侧端头位置，待母材快熔化时，迅速进行填丝，保证焊缝起始端饱满 这种引弧方式可有效减少焊缝起头处熔合不良的缺陷

（续）

图示	步骤及要求
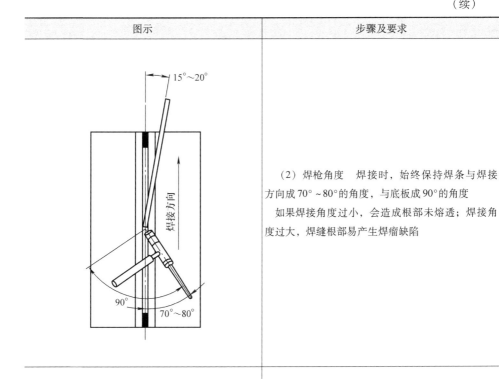	（2）焊枪角度　焊接时，始终保持焊条与焊接方向成70°~80°的角度，与底板成90°的角度 如果焊接角度过小，会造成根部未熔透；焊接角度过大，焊缝根部易产生焊瘤缺陷
	（3）焊道的接头　采用直线往复运条方法，收弧时填满弧坑 焊缝接头时，在弧坑处引弧，电弧引燃时，焊枪迅速移动到弧坑后8~10mm处，慢速直线移动至弧坑位置，为了确保焊缝接头熔合良好，此位置焊枪角度应迅速调整为80°~85°，同时待接头位置熔池略透时，迅速填丝，再正常焊接 （4）使用钢丝刷将打底层焊缝及附近的杂物彻底清理干净

（续）

图示	步骤及要求
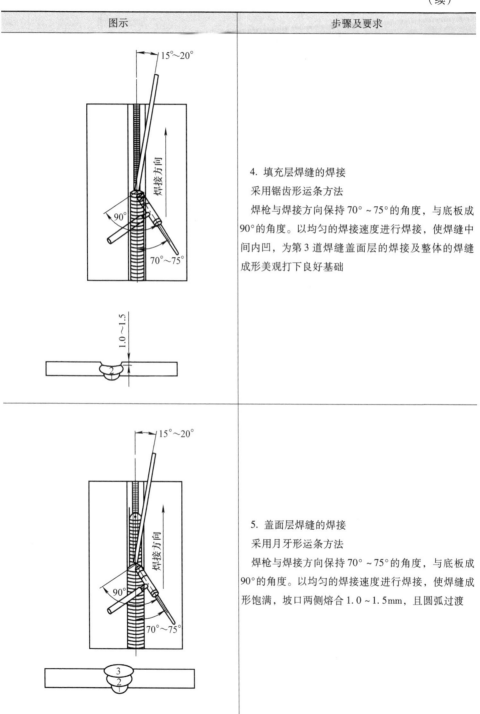	**4. 填充层焊缝的焊接** 采用锯齿形运条方法 　焊枪与焊接方向保持70°~75°的角度，与底板成90°的角度。以均匀的焊接速度进行焊接，使焊缝中间内凹，为第3道焊缝盖面层的焊接及整体的焊缝成形美观打下良好基础
	5. 盖面层焊缝的焊接 采用月牙形运条方法 　焊枪与焊接方向保持70°~75°的角度，与底板成90°的角度。以均匀的焊接速度进行焊接，使焊缝成形饱满，坡口两侧熔合1.0~1.5mm，且圆弧过渡

（续）

图示	步骤及要求
（焊接方向）	6. 焊缝清理 　焊缝完成后，使用锤子与扁铲配合去除焊缝附近区域的飞溅，再用钢丝刷把焊缝及附近的杂物彻底清理干净 　考试试件，不允许对各种焊接缺陷进行修补，焊缝应处于原始状态

四、ϕ60mm 低碳钢管水平转动对接焊

喷嘴孔径的选择主要根据钨极直径的大小选取，选择喷嘴时可用下列公式来计算：钨极直径 $\times 2 + 5mm$。

端部的形状主要根据焊接电流种类而定，由于低碳钢采用直流正接，焊接时对钨极的烧损较小，所以端部形状一般可打磨较尖，有利于焊接时电弧热量集中，如图4-17所示。

低碳钢管焊接操作时要避免穿堂风对焊接过程的影响，空气的剧烈流动会引起气体保护不充分，从而产生气孔与保护不良。

1. 焊前准备

1）试件材质：20G 钢管。

2）试件尺寸：$100mm \times \phi 60mm \times 5mm$，两件，V 形坡口，钝边为 $0 \sim 0.5mm$，如图 4-18 所示。

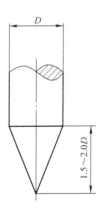

图 4-17　钨极端部形状

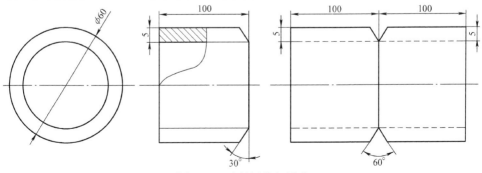

图 4-18　试板规格与材质

3）试件装配：用角向打磨机清理坡口表面铁锈、杂质等，并呈现出金属光泽；用半圆锉修磨试件坡口去除毛刺，修磨钝边 0~0.5mm；采用异丙醇清洗坡口两侧 20mm 表面的油脂、污物等；定位焊采用两点定位，定位焊缝长度为 10mm 左右，并保证定位焊位置间隙为 2mm，定位焊 180°处间隙为 1.5mm，定位焊缝两端头应先修磨成缓坡状，以利于进行接头，如图 4-19 所示。

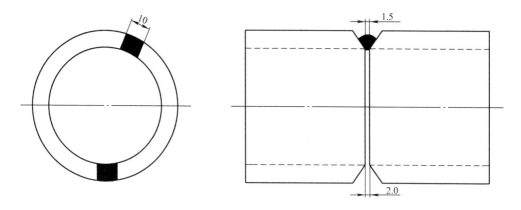

图 4-19 试件装配

4）焊接要求：单面焊双面成形。

5）焊接材料：ER50-6（H08Mn2SiA），直径为 ϕ2.5mm。

6）焊接设备：手工直流钨极氩弧焊机（WS-300 型），直流正接法。

7）喷嘴孔径：直径为 ϕ10mm。

8）保护气体及气体流量：氩气，其纯度不低于 99.99%（体积分数），气体流量为 8~10L/min。

9）钨极：铈钨极，直径为 ϕ2.5mm。

10）辅助工具：角向打磨机、半圆锉、钢丝刷、锤子、300mm 钢直尺。

2. 焊接参数（见表 4-9）

表 4-9 低碳钢管水平转动对接焊焊接参数

图示	焊接层次	钨极直径/mm	焊接电流/A	焊枪与焊接方向夹角/(°)	气体流量/(L/min)	运条方式
	打底层（1）	2.5	85~90	75~80	8~10	直线往复运条
	盖面层（2）	2.5	95~100	70~75		锯齿或月牙形运条

3. 操作步骤

低碳钢管水平转动对接焊焊接操作步骤见表 4-10。

表 4-10　低碳钢管水平转动对接焊焊接操作步骤

图示	步骤及要求
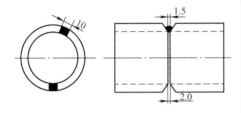	1. 试件打磨 试件用 F 夹具固定后，用角向打磨机将坡口及两侧 20mm 区域内表面的油污、锈蚀、水分等清理干净，使试件露出金属光泽，同时管壁内侧采用钢丝刷或砂纸打磨露出金属光泽
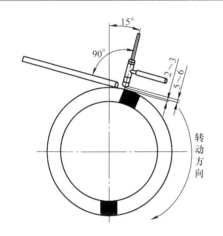	2. 试件组对及定位焊 1）装配间隙：始端为 1.5mm，终端为 2.0～2.5mm 2）钝边：0～0.5mm 3）在试件正面坡口内进行定位焊，焊缝长度为10mm。将焊缝接头预先打磨成斜坡；定位焊时的焊接电流为 95～100A
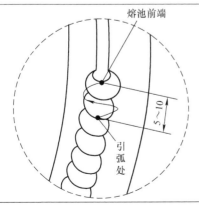	3. 打底层焊缝的焊接 直线往复或小月牙运条方法 1）在上部定位焊位置进行引弧起焊，引弧后控制电弧长度在 2～3mm，将钨极对准坡口根部两侧进行加热，待坡口钝边熔化形成熔池后，即可进行填丝。起弧焊接时，焊接速度应稍慢，多填焊丝加厚焊缝，确保反面成形良好及防止裂纹产生。一般焊枪角度与管子中心线夹角为 10°～15°，与焊缝两侧母材夹角为 90°，焊丝与焊枪夹角控制在 85°～90° 2）焊枪角度。焊接时，始终保持焊条与焊接方向成 75°～80°的角度，与管子面成 90°的角度 如果焊接角度过小，会造成根部未熔透；焊接角度过大，焊缝根部易产生焊瘤缺陷
	3）焊道的接头。焊接接头时，为保证接头良好，应从焊缝收弧处前 5～10mm 开始引弧，不填丝运条至收弧处出现熔孔后，填丝熔入进行正常焊接 打底焊时应控制好焊缝的厚度，保持 2.5～3.0mm，太薄易导致在盖面焊时将焊道焊穿，使焊缝背面下塌或剧烈氧化。焊打底层时注意保证坡口的棱边不被熔化，以便盖面层焊接时控制焊缝的直线度 4）使用钢丝刷去除打底层焊缝及附近的杂物彻底清理干净

197

（续）

图示	步骤及要求
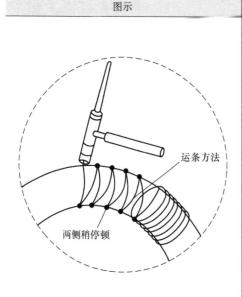 运条方法 两侧稍停顿	4. 盖面层焊缝的焊接 采用锯齿形或月牙运条方法 焊枪与焊接方向保持 70°～75° 的角度，与底板成 90° 的角度。以均匀的焊接速度进行焊接，同时注意起弧位置应与接头位置错开 起弧焊接时，需要待坡口边缘及打底层焊缝表面熔化，形成熔池后再填充焊丝。电弧摆动至坡口两侧边缘时应稍有停顿，保证两侧的坡口熔合 1.0～1.5mm，且圆弧过渡，主要为了防止焊缝咬边
	5. 焊缝清理 焊缝完成后，使用锤子与扁铲配合去除焊缝附近区域的飞溅，再用钢丝刷把焊缝及附近的杂物彻底清理干净 考试试件，不允许对各种焊接缺陷进行修补，焊缝应处于原始状态

五、φ60mm 低碳钢管垂直固定对接焊

1. 焊前准备

1）试件材质：20G 钢管。

2）试件尺寸：100mm × φ60mm × 5mm，两件，V 形坡口，钝边为 0～0.5mm，如图 4-20 所示。

3）试件装配：用角向打磨机清理坡口表面铁锈、杂质等，并呈现出金属光泽；用半圆锉修磨试件坡口去除飞边；采用异丙醇清洗坡口两侧 20mm 表面的油脂、污物等，减少焊接缺陷的产生；焊接过程中为防止焊缝收缩对焊接间隙造成影响，试件组装间隙应起弧端窄，收弧端宽，起弧端为 1.5mm 左右，收弧端为 2.0mm 左右；采用两点固定，分别在定位焊处进行定位焊，定位焊长度为 10mm 左右焊缝，如图 4-21 所示。

4）焊接要求：单面焊双面成形。

5）焊接材料：ER50-6（H08Mn2SiA），直径为 φ2.5mm。

6）焊接设备：手工直流钨极氩弧焊机（WS-300 型），直流正接法。

7）喷嘴孔径：直径为 φ10mm。

8）保护气体及气体流量：氩气，其纯度不低于 99.99%（体积分数），气体流量为 8～10L/min。

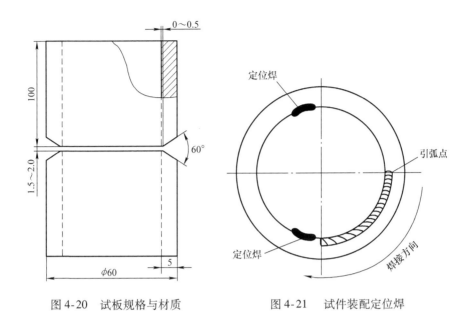

图 4-20 试板规格与材质   图 4-21 试件装配定位焊

9）钨极：铈钨极，直径为 $\phi2.5mm$。

10）辅助工具：角向打磨机、半圆锉、钢丝刷、锤子、300mm 钢直尺。

2. 焊接参数（见表 4-11）

表 4-11 低碳钢管垂直固定对接焊焊接参数

图示	焊接层次	钨极直径/mm	焊接电流/A	焊枪与焊接方向夹角/(°)	气体流量/(L/min)	运条方式
	打底层（1）	2.5	90~95	85~90		直线或小月牙形运条
	盖面层（2）	2.5	100~105	80~85	8~10	小圆圈或小月牙形运条
	盖面层（3）	2.5	95~100	75~80		直线往复或小圆圈形运条

3. 操作步骤

低碳钢管垂直固定对接焊的焊接操作步骤见表 4-12。

199

表 4-12　低碳钢管垂直固定对接焊的焊接操作步骤

图示	步骤及要求
	**1. 试件打磨** 试件用 F 夹具固定后，用角向打磨机将坡口及两侧 20mm 区域内表面的油污、锈蚀、水分等清理干净，使试件露出金属光泽，同时管壁内侧采用钢丝刷或砂纸打磨露出金属光泽
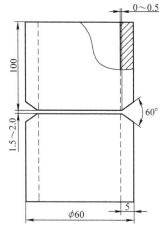 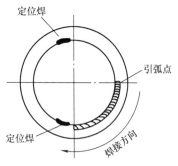	**2. 试件组对及定位焊** 1）装配间隙：始端为 1.5mm，终端为 2.0~2.5mm 2）钝边：0~0.5mm 3）在试件两端正面坡口内进行定位焊，焊缝长度为 10mm。将焊缝接头预先打磨成斜坡；定位焊时的焊接电流为 95~100A 4）将组焊好的试件垂直固定在焊接支架合适的高度位置

（续）

图示	步骤及要求
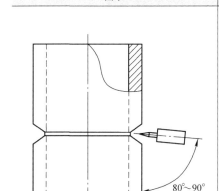	3. 打底层焊缝的焊接 采用直线或小月牙形运条方法 1）在时针 3 点位置进行引弧起焊，引弧后控制电弧长度在 2～3mm，将钨极对准坡口根部两侧进行加热，待坡口根部熔化形成熔池后，将焊丝轻轻地向熔池内送一下，并向坡口内摆动，将溶液推送到坡口根部，以保证背面焊缝的成形。填充焊丝的同时，焊枪小幅度作横向摆动 2）起弧焊接时，焊接速度应稍慢，多填焊丝加厚焊缝，确保反面成形良好及防止裂纹产生 3）焊枪角度。焊接时，一般焊枪角度与管子中心线夹角为 10°～15°，与焊缝两侧母材夹角为 90°，焊丝与焊枪夹角控制在 85°～90°。如果焊接角度过小，会造成根部未熔透；焊接角度过大，焊缝根部易产生焊瘤缺陷
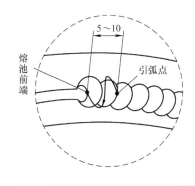	4. 焊道的接头 1）焊接接头时，为保证接头良好，应从焊缝收弧处前 5～10mm 开始引弧，不填丝运条至收弧处出现熔孔后，填丝熔入进行正常焊接 2）打底焊时应控制好焊缝的厚度，保持 2.5～3.0mm，太薄易导致在盖面焊时将焊道焊穿，使焊缝背面下塌或剧烈氧化。打底层注意保证坡口的棱边不被熔化，以便盖面层焊接时控制焊缝的直线度 3）使用钢丝刷将打底层焊缝及附近的杂物彻底清理干净

（续）

图示	步骤及要求
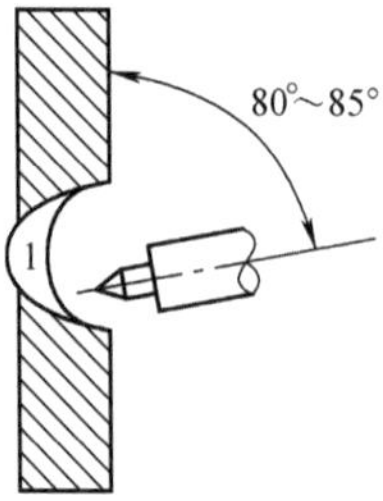	5 盖面层焊缝的焊接 采用小圆圈或小月牙形运条方法 焊接盖面层焊缝时，电弧对准打底层焊缝下边缘处，焊枪与焊接方向保持80°～85°的角度，与上部成80°～85°的角度。以均匀的焊接速度进行焊接，同时注意起弧位置应与接头位置错开 起弧焊接时，需要待下坡口边缘母材熔化，形成熔池后再填充焊丝。焊接过程中注意控制好熔池的大小，下坡口边缘熔化0.5～1.0mm，熔池上沿在打底层焊缝的1/2或2/3处。主要为了防止焊缝咬边
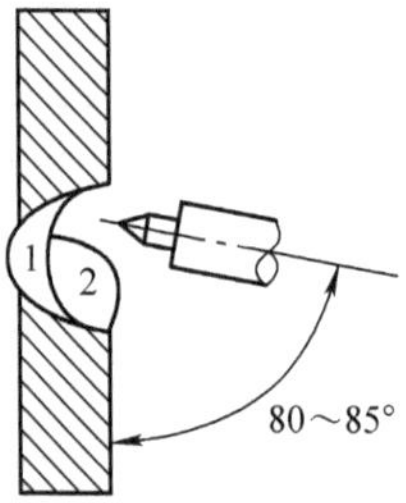	6. 盖面层 采用直线往复或小圆圈形运条方法 焊接盖面层最后一道焊缝时，电弧对准打底层焊缝的上边缘位置。焊枪与焊接方向保持80°～85°的角度，与下部成80°～85°的角度。以均匀的焊接速度进行焊接，同时注意起弧位置应与接头位置错开 起弧焊接时，需要待母材熔化，形成熔池后再填充焊丝。焊接过程中注意控制好熔池上坡口边缘熔化0.5～1.0mm，同时要与下面焊缝圆滑过渡，焊接速度及送丝频率要适当加快，适当减少送丝量，防止盖面焊缝下垂
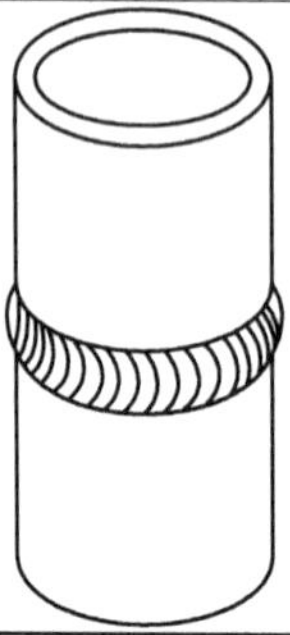	7. 焊缝清理 焊缝完成后，使用锤子与扁铲配合去除焊缝附近区域的飞溅，再用钢丝刷把焊缝及附近的杂物彻底清理干净 考试试件，不允许对各种焊接缺陷进行修补，焊缝应处于原始状态

六、φ60mm 低碳钢管水平固定对接焊

1. 焊前准备

1）试件材质：20G 钢管。

2）试件尺寸：100mm × φ60mm × 3mm，两件，V 形坡口，钝边为 0.5 ～ 1.0mm，如图 4-22 所示。

3）试件装配：用角向打磨机清理坡口表面铁锈、杂质等，并呈现出金属光泽；用半圆锉修磨试件坡口去除毛刺，修磨钝边 0 ～ 0.5mm；采用异丙醇清洗坡

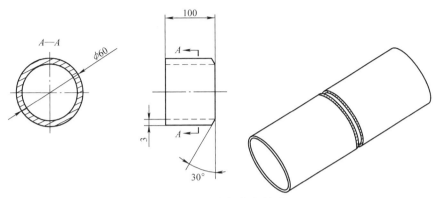

图 4-22 试板规格与材质

口两侧 20mm 表面的油脂、污物等；焊接过程中为防止焊缝收缩对焊接间隙造成影响，试件组装间隙应起弧端窄，收弧端宽，起弧端为 2.0mm 左右，收弧端为 2.5mm 左右；采用两点固定，分别在定位焊 1、2 处进行定位焊，定位焊长度为 10mm 左右焊缝，从过 6 点 10～15mm 开始起弧。如图 4-23 所示。

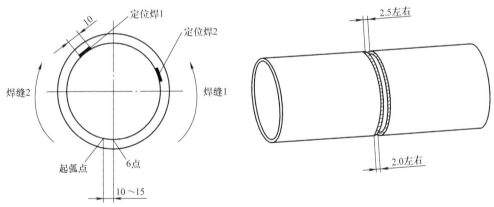

图 4-23 试件装配

4）焊接要求：单面焊双面成形。

5）焊接材料：ER50-6（H08Mn2SiA），直径为 $\phi 2.5$mm。

6）焊接设备：手工直流钨极氩弧焊机（WS-300 型），直流正接法。

7）喷嘴孔径：直径为 $\phi 10$mm。

8）保护气体及气体流量：氩气，其纯度不低于 99.99%（体积分数），气体流量为 8～10L/min。

9）钨极：铈钨极，直径为 $\phi 2.5$mm。

10）辅助工具：角向打磨机、半圆锉、钢丝刷、锤子、300mm 钢直尺。

2. 焊接参数（见表4-13）

表4-13　低碳钢管对接水平固定焊焊接参数

图示	焊接层次	钨极直径/mm	焊接电流/A	焊枪与焊接方向夹角/(°)	气体流量/(L/min)	运条方式
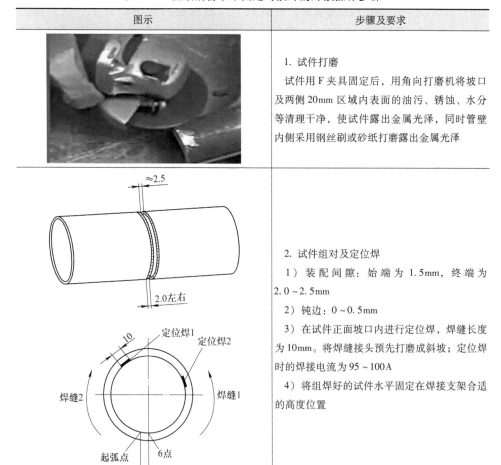	打底层（1）	2.5	65～75	70～80	8～10	直线或小月牙形运条
	盖面层（2）	2.5	70～80	70～80		小圆圈或小月牙形运条

3. 操作步骤

低碳钢管水平固定对接焊的焊接操作步骤见表4-14。

表4-14　低碳钢管水平固定对接焊的焊接操作步骤

图示	步骤及要求
	1. 试件打磨 试件用F夹具固定后，用角向打磨机将坡口及两侧20mm区域内表面的油污、锈蚀、水分等清理干净，使试件露出金属光泽，同时管壁内侧采用钢丝刷或砂纸打磨露出金属光泽
	2. 试件组对及定位焊 1）装配间隙：始端为1.5mm，终端为2.0～2.5mm 2）钝边：0～0.5mm 3）在试件正面坡口内进行定位焊，焊缝长度为10mm。将焊缝接头预先打磨成斜坡；定位焊时的焊接电流为95～100A 4）将组焊好的试件水平固定在焊接支架合适的高度位置

（续）

图示	步骤及要求
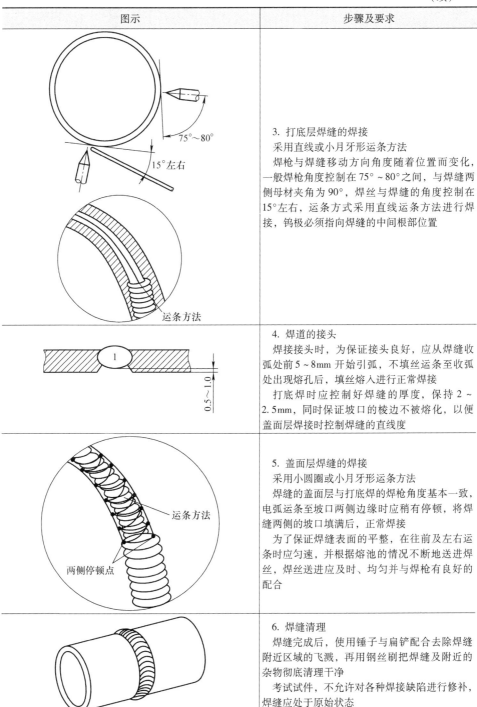	3. 打底层焊缝的焊接 采用直线或小月牙形运条方法 焊枪与焊缝移动方向角度随着位置而变化，一般焊枪角度控制在 75°～80° 之间，与焊缝两侧母材夹角为 90°，焊丝与焊缝的角度控制在 15° 左右，运条方式采用直线运条方法进行焊接，钨极必须指向焊缝的中间根部位置
	4. 焊道的接头 焊接接头时，为保证接头良好，应从焊缝收弧处前 5～8mm 开始引弧，不填丝运条至收弧处出现熔孔后，填丝熔入进行正常焊接 打底焊时应控制好焊缝的厚度，保持 2～2.5mm，同时保证坡口的棱边不被熔化，以便盖面层焊接时控制焊缝的直线度
	5. 盖面层焊缝的焊接 采用小圆圈或小月牙形运条方法 焊缝的盖面层与打底焊的焊枪角度基本一致，电弧运条至坡口两侧边缘时应稍有停顿，将焊缝两侧的坡口填满后，正常焊接 为了保证焊缝表面的平整，在往前及左右运条时应匀速，并根据熔池的情况不断地送进焊丝，焊丝送进应及时、均匀并与焊枪有良好的配合
	6. 焊缝清理 焊缝完成后，使用锤子与扁铲配合去除焊缝附近区域的飞溅，再用钢丝刷把焊缝及附近的杂物彻底清理干净 考试试件，不允许对各种焊接缺陷进行修补，焊缝应处于原始状态